Hochleistungs – Gaserzeuger
für Fahrzeugbetrieb und ortsfeste Anlagen

Verhalten der Brennstoffe und des Gases
Berechnung und Aufbau der Gaserzeuger und Reinigungsanlagen
Wirtschaftliche Betrachtungen

Von

Dr.-Ing. Hugo Finkbeiner
Darmstadt

Zweite
neubearbeitete Auflage

Mit 89 Abbildungen

Springer-Verlag Berlin Heidelberg GmbH
1943

Vorwort zur zweiten Auflage.

Die durch den Krieg bedingte Verknappung von flüssigen Kraftstoffen ließ den Gaserzeuger in allen europäischen Ländern in den Vordergrund des Interesses treten. Die Einsatzbereitschaft des Holzgaserzeugers gleich zu Beginn des Krieges sicherte diesem eine weite Verbreitung, wobei neben die alten Bauarten eine Reihe Neuentwicklungen traten. Im Hinblick auf die begrenzten Holzvorräte machte sich eine Lenkung des Generatoreinsatzes auf das Gebiet der fossilen Kraftstoffe erforderlich, deren Entwicklung dadurch einen starken Auftrieb erfahren hat und sich sogar erfolgreich der Verwendung von Braunkohle zugewandt hat.

In Berücksichtigung all dieser Neuentwicklungen machte sich eine vollständige Umarbeitung und Erweiterung der 1. Auflage erforderlich, wobei besonders den fossilen Kraftstoffen eine ihrer Bedeutung entsprechende Behandlung zugedacht wurde. Neu eingefügt wurde ein Abschnitt über Versuchsergebnisse an Fahrzeug-Gaserzeugern. Eine systematische Behandlung ließ jedoch der zur Verfügung stehende knappe Raum nicht zu, so daß nur das Wesentlichste an einigen ausgewählten Versuchsreihen gezeigt werden konnte. Auch die Beschreibung der verschiedenen Bauarten von Gaserzeugern und Reinigern wurde auf den neuesten Stand gebracht. Ebenfalls mußte der Abschnitt über die Wirtschaftlichkeit des Antriebs mit festen Kraftstoffen unter Berücksichtigung der derzeitig geltenden Kraftstoffpreise und der aus dem bisherigen Einsatz gewonnenen Erfahrungen über den Verschleiß einzelner Teile umgearbeitet werden.

Mein Dank gebührt besonders dem Springer-Verlag, der eine Neuauflage unter den derzeitig besonders erschwerten Bedingungen ermöglichte und dabei keine Mühe gescheut hat, das Buch in der gewohnten Aufmachung erscheinen zu lassen.

Darmstadt, im Januar 1943.

H. Finkbeiner.

Inhaltsverzeichnis.

A. Einleitung.

1. Die Bedeutung der Gaserzeuger für die deutsche Kraftstoffwirtschaft.

Mit der zunehmenden allgemeinen Gesundung der deutschen Wirtschaft wuchs auch das Bedürfnis nach einer Reihe von Verbrauchsgütern. Dank der weitgehenden Förderung durch die maßgebenden Stellen steht unter diesen Gütern das Kraftfahrzeug mit an erster Stelle. Damit wuchs aber auch der Bedarf an den erforderlichen Treibstoffen, die auch heute noch zum größten Teil vom Ausland eingeführt werden müssen. Zu den im Kraftfahrwesen benötigten Treibstoffmengen kommen noch die hinzu, die der Betrieb ortsfester Motoren erfordert. Auch diese Zahl ist im Steigen begriffen. Zwangsläufig verlangte daher die zunehmende Motorisierung der Betriebe als auch des Verkehrs eine Förderung der deutschen Treibstoffwirtschaft, die im Rahmen des Vierjahresplanes im Vordergrund steht. Hierbei gilt es zunächst, die Eigenerzeugung der Leichtkraftstoffe zu fördern, da hierfür die wirtschaftlichen Voraussetzungen am leichtesten zu erfüllen sind. Diese Leichtkraftstoffe dienen heute vorwiegend als Treibstoffe für Personenkraftwagen, Leichtlastwagen, Krafträder und Flugzeuge, während für die Schwerlastwagen der Vergasermotor mit Rücksicht auf die Betriebskosten weitgehend durch den Dieselmotor ersetzt wurde. Dadurch erfuhr die Treibstoffeinfuhr lediglich insofern eine geringe Entlastung, als der mengenmäßige Bedarf an Dieseltreibstoff, bezogen auf die Leistungseinheit, etwas geringer ist als bei Leichtkraftstoffen. Auch dieser Bedarf muß jedoch heute fast ausschließlich durch Einfuhr gedeckt werden, die noch durch erhebliche Treibstoffmengen zum Antrieb ortsfester Dieselmotoren eine weitere Steigerung erfährt. Der gesteigerten Nachfrage nach Dieselöl mußte zwangsläufig eine zunehmende Verknappung auf dem Brennstoffmarkt folgen, die durch den Krieg nur beschleunigt wurde, aber auch ohne diesen früher oder später doch erfolgt wäre.

Wenn auch die Eigenerzeugung von Dieseltreibstoffen aus heimischen Rohstoffen an sich möglich ist, so liegt die Schwierigkeit besonders in der Preisfrage und ferner darin, daß erst umfangreiche Anlagen erstellt werden müssen, so daß es sich lohnt, vorerst nach anderen Möglichkeiten Umschau zu halten.

Die einfachste Lösung ist die Verwendung von Flaschengas in Form von Preß- oder Flüssiggas. Die Nachteile liegen jedoch bei Preßgas an dem geringen Aktionsradius des Fahrzeuges und an den hohen Kosten der Verdichter und Abfüllstellen, außerdem zeigt das Stadtgas in der Zusammensetzung, in der es heute üblicherweise geliefert wird, ein ungünstiges Verhalten bei der motorischen Verbrennung, während bei Flüssiggas leider die Preisfrage ein Hinderungsgrund für eine allgemeine Verwendung im Schwerlastverkehr darstellt. Ferner bietet die Flaschenfrage besonders jetzt im Krieg ein kaum zu beseitigendes Hindernis eines gesteigerten Einsatzes. Nicht nur sind es die Herstellungsschwierigkeiten, besonders natürlich der Hochdruckflaschen für Preßgas, sondern bei Flüssiggas vor allem die Transportschwierigkeiten von der Abfüllstelle zum Verbrauchsort, die zu einem gesteuerten Einsatz von Flaschengas drängen. Dieses sollte ausschließlich leichteren Fahrzeugen oder Sonderfahrzeugen vorbehalten bleiben. Aus diesem Grunde muß eine allgemeine Verwendung von Flaschengas für den ausgesprochenen Schwerlastverkehr und auch für die schienengebundenen Fahrzeuge ausscheiden. Auch für ortsfeste Motoren dürfte eine allgemeine Verwendung von Stadtgas vor allem an der Preisfrage scheitern. Nur bei Vorliegen besonders günstiger Tarife kann eine derartige Verwendung in Betracht gezogen werden.

Somit sind die Voraussetzungen für eine gesteigerte Verwendung von Eigenerzeugungsanlagen für Gas sowohl für ortsfesten als auch für Kraftfahrzeugbetrieb gegeben. Im ortsfesten Betrieb haben sich die Gaserzeuger bereits in einer langen Betriebszeit gut bewährt und sind zu Unrecht in den letzten Jahrzehnten durch den allerdings einfacheren Dieselmotor weitgehend verdrängt worden. Zu Unrecht deshalb, weil auch heute noch der Sauggasbetrieb bei ortsfesten Anlagen an Wirtschaftlichkeit dem Betrieb mit flüssigen Kraftstoffen überlegen ist. Also verdient schon aus diesem Grunde der Gaserzeugerbetrieb für ortsfeste Motoren eine zusätzliche Förderung.

Ein neues Verwendungsgebiet des Gaserzeugers stellt jedoch der Betrieb von Kraftfahrzeugen dar, dessen Entwicklungszeit auf 10 bis 15 Jahre zurückreicht. Diese Verwendung setzte jedoch die Neuentwicklung von Gaserzeugern voraus, deren Aufbau dem Fahrzeugbetrieb besonders angepaßt werden mußte. Hier tritt der Gaserzeuger auch mit dem synthetischen Kraftstoff in einen erfolgreichen Wettbewerb, da für den Umweg über die Brennstoffsynthese etwa $2^1/_2$ mal soviel fester Brennstoff aufgewendet werden muß, als bei der Umwandlung in gasförmigen Kraftstoff im Gaserzeuger. Die Entwicklung zum Fahrzeuggaserzeuger erfolgte in Deutschland im wesentlichen in den letzten 10 Jahren, während sich andere Länder bereits schon früher mit diesem neuen Aufgabengebiet befaßt haben.

Zu Anfang beschränkte sich in Deutschland der Gaserzeugerbetrieb von Kraftfahrzeugen in der Hauptsache auf ältere Fahrzeuge, in die erst nachträglich der Gaserzeuger eingebaut wurde, obgleich ein derartiger Umbau vielfach nicht als glücklich bezeichnet werden und nur in beschränktem Umfange zu einem befriedigenden Erfolg führen kann. Ein einwandfreies Arbeiten bedingt die Ausrüstung von Fahrzeugen mit geeigneten Motoren und Gaserzeugern, was nur bei neueren Wagen möglich ist. Hindernd stand vor dem Kriege der geringe preisliche Vorteil hinsichtlich der Betriebskosten gegenüber dem Dieselmotor im Wege, so daß sich auch trotz der Steuervergünstigungen nicht genügend Anreiz zur weitergehenden Einführung des Gaserzeugerbetriebes bot. Mit Ausbruch des Krieges hat sich jedoch die Lage weitgehend geändert. Hinter der gebieterischen Notwendigkeit zur Einsparung flüssiger Treibstoffe trat die Preisfrage in den Hintergrund, obgleich der vorgenommene Abbau der Zollvergünstigungen bei Dieselöl diesem die wirtschaftliche Überlegenheit nahm. Einen gesteigerten Einsatz ermöglichte auch die inzwischen eingetretene Vervollkommnung des Fahrzeuggaserzeugers und eine wachsende Verbreiterung der Brennstoffgrundlage. Während anfangs der Holzgaserzeuger eine vorherrschende Stellung einnahm, wobei außer Stückholz in immer steigendem Maße Holzabfälle mit herangezogen wurden, verschiebt sich im praktischen Einsatz das Schwergewicht langsam über den Anthrazitgaserzeuger zum Gaserzeuger mit Braunkohlebriketts und Schwelkoks. Die vor dem Krieg geleistete Entwicklungsarbeit trägt heute reiche Früchte zum Vorteil des Lastverkehrs und damit der ganzen Volkswirtschaft.

2. Kennzeichnende Merkmale der Hochleistungs-Gaserzeuger.

Die Verwendungsmöglichkeit eines Gaserzeugers für den Fahrzeugbetrieb setzte die Weiterentwicklung zum Hochleistungsgaserzeuger voraus. Diese unterscheiden sich von den sonst üblichen Bauarten in der Hauptsache durch folgende Merkmale:

1. Die Gasleistung und damit im Zusammenhange der auf den Schachtquerschnitt bezogene stündliche Brennstoffdurchsatz wurde erheblich gesteigert. Dies bedingte eine genaue Beachtung der Strömungsverhältnisse im Schacht und eine Ausnützung sämtlicher Möglichkeiten zur Erzielung eines hochwertigen Gases. Infolge der damit verbundenen Temperatursteigerung wuchs jedoch die Gefahr der Schlackenbildung. Auch hier mußten zum Teil neue Wege beschritten werden.

2. Geringes Gewicht und geringer Raumbedarf führten zu ganz neuen Bauarten, die zum Teil die Verwendung neuer Baustoffe erforderlich machten.

3. Einfacher Aufbau und leichte Bedienung.

4. Schnelle Betriebsbereitschaft. Während die Inbetriebnahme ortsfester Gaserzeuger üblicher Bauart bis zu $1/2$ h oder darüber dauerte, wurden diese Zeiten beim Hochleistungs-Gaserzeuger auf 5 bis 10 min verkürzt.

5. Die Verwendungsmöglichkeit im Fahrzeugbetrieb verlangte eine rasche Anpassungsfähigkeit an Lastwechsel. Durch entsprechende Formgebung des Schachtes im Feuerraum konnte dies erreicht werden.

6. Für die Gasreinigung wurden infolge der beschränkten Platzverhältnisse neue Einrichtungen erforderlich, die bei geringstem Raumbedarf einen weitgehenden Reinheitsgrad des Gases ergeben mußten, wenn der Verschleiß der rasch laufenden Motoren in tragbaren Grenzen bleiben sollte. Gleichzeitig mußte die Entleerung der Reiniger auf einfachste Weise ermöglicht werden, um den Wartungsbedarf auf ein Mindestmaß zu beschränken.

Diese Entwicklung zum Hochleistungs-Gaserzeuger brachte eine Reihe wertvoller neuer Erkenntnisse, die andererseits auch auf den Bau größerer ortsfester Gaserzeuger nutzbringend angewendet werden können und auch schon angewendet worden sind, da auch bei größeren Anlagen die Entwicklung zum Hochleistungs-Gaserzeuger zwangläufig erfolgen wird.

So ist unter anderem der Hochleistungs-Gaserzeuger, der zunächst für den Fahrzeugbetrieb entwickelt wurde, dazu berufen, auch als Kleingaserzeuger beim Antrieb ortsfester Motoren kleiner und mittlerer Leistung mit Erfolg verwendet zu werden und den Bau größerer ortsfester Anlagen fortschrittlich zu beeinflussen.

B. Die Brennstoffe.

Grundsätzlich ist es möglich, jeden festen Brennstoff in einem Gaserzeuger zu vergasen. Die Eignung der Brennstoffarten ist jedoch verschieden hinsichtlich der Gaszusammensetzung, Asche- und Schlackenabsonderung usw. Daher muß vor allem die Gaserzeugerbauart der Eigenschaft des Brennstoffes angepaßt werden. Man kann hier zwei Hauptgruppen von Brennstoffen unterscheiden: Teerfreie Brennstoffe oder wenigstens teerarme, und teerhaltige Brennstoffe. Zu den ersteren zählen die Kokse aus Braun- und Steinkohle, ferner Torfkoks und Holzkohle, außerdem Anthrazit, der zwar in der Regel nicht ganz teerfrei, aber teerarm ist. Unter den teerhaltigen Brennstoffen steht das Holz an erster Stelle. Ferner sind noch Torf, Braunkohlenbrikett und Steinkohle zu nennen.

Die Entwicklung nahm ihren Ausgang vom Holzgaserzeuger, der von der ursprünglichen ausschließlichen Verwendung guten Buchenstückholzes allmählich auf die Verwendung anderer Holzsorten umgestellt wurde und auch die Mitverwendung von bestimmten Torfsorten gestattet. Heute führten diese Arbeiten zum Braunkohlebrikett-Gaserzeuger als der jüngsten Entwicklungsstufe des Fahrzeug-Gaserzeugers. Die Verwendung von Steinkohle beschränkt sich auf bestimmte Sorten von Magerkohle, unter denen dem Anthrazit die größte Bedeutung zukommt. Dies machte die Entwicklung besonderer Gaserzeuger für teerfreie bzw. teerarme Brennstoffe notwendig. Unter diesen kommt heute der Holzkohle im Reichsgebiet überhaupt keine Bedeutung mehr zu. Auch Steinkohlenschwelkoks und Torfkoks sind vorläufig in größeren Mengen nicht zu erhalten, während die Verwendung von mitteldeutschem Braunkohlenschwelkoks infolge seines großen Asche- und Schwefelgehaltes und der dadurch hervorgerufenen frühzeitigen Zerstörungen an der Gas- und Motorenanlage zu verwerfen ist, so daß in dieser Brennstoffgruppe nur der Anthrazit eine größere Bedeutung erlangen konnte.

Die Verwendungsmöglichkeit eines Brennstoffes ist insbesondere an eine gute Reaktionsfähigkeit gebunden, d. h. an die Fähigkeit, sich leicht zu entzünden und die Oxydationsprodukte bei entsprechenden Temperaturen wieder zu spalten und auf diese Weise den Anteil der brennbaren Gase Wasserstoff und Kohlenoxyd zu steigern. Die Reaktionsfähigkeit ist bei den genannten Brennstoffen recht verschieden, weshalb erhebliche Unterschiede bei den einzelnen Gasarten vorhanden sind. Grundsätzlich steigt der Heizwert des Gases mit der Reaktionsfähigkeit, die in erster Linie von dem Entstehungsalter des Brennstoffes abhängig ist. Die jüngsten Brennstoffe wie Holz und Holzkohle sind durchweg am reaktionsfähigsten, während die Brennstoffe nach den Steinkohlen hin immer reaktionsträger werden. Bei den Koksen sind die Garungstemperaturen vielfach bestimmend für ihre Reaktionsfähigkeit. Niedertemperaturkokse, also Schwelkokse, haben wesentlich bessere Eigenschaften als Hochtemperaturkoks (Zechen- oder Gaskoks). Näheres über Reaktionsfähigkeit siehe S. 20.

Anschließend sollen nun für die hauptsächlichsten Brennstoffe nähere Angaben gemacht werden:

1. Teerfreie Brennstoffe.

Holzkohle. Während früher die Holzkohle ausschließlich in Kohlenmeilern gewonnen wurde, hat heute dieses Gewinnungsverfahren gegenüber der industriellen Erzeugung in Öfen oder Retorten an Bedeutung verloren. Ein Nachteil des Meilers ist der, daß die wertvollen Bestandteile des Holzes, die sich bei der Erhitzung verflüchtigen, verloren gehen, so der Holzessig, Holzgeist und Holzteer, ferner die brennbaren Destillationsgase. Vom volkswirtschaftlichen Standpunkt aus verdient also die industrielle Verkohlung den Vorzug, wenn auch in Einzelfällen, z. B. bei schwierigen Transportverhältnissen, das Meilerverfahren noch mit Vorteil in Anwendung gebracht werden kann.

Die Güte der Holzkohle richtet sich nach der Endtemperatur und der Geschwindigkeit der Verkohlung. Aus dem Aussehen der Kohle kann auf die Verkohlungstemperatur geschlossen werden. Hohe Temperaturen steigern zwar den reinen Kohlenstoffgehalt der Holzkohle, ergeben aber eine braunschwarze, leicht bröckelnde Kohle, die unter mechanischen Einflüssen (Erschütterungen) leicht in Pulverform zerfällt und für den Betrieb eines Gaserzeugers unbrauchbar ist. Eine gute reaktionsfähige Holzkohle muß von tiefschwarzer Farbe sein und beim Aufschlagen einen metallischen Klang haben.

Holzkohle ist vollständig schwefelfrei, enthält aber stets noch gewisse Mengen flüchtiger Bestandteile, deren Menge um so größer ist, je niedriger die Verkohlungstemperatur war. Außerdem besitzt die Holzkohle stets einen gewissen Wassergehalt. Ihre chemischen und physikalischen Kennzahlen sind, auf wasserfreie Substanz bezogen, folgende:

Zusammensetzung:	Kohlenstoff	84%
	Wasserstoff	2,7%
	Sauerstoff	12,9%
	Stickstoff	0,4%
Unterer Heizwert		6600—7000 kcal/kg
Aschegehalt		0,8—1%
Wassergehalt		6—8%
Schüttgewicht		240—280 kg/m³

Die Asche fällt im Gaserzeuger in lockerer Pulverform an und wird zum Teil mit dem Gas mitgerissen und muß dann in den Reinigern ausgeschieden werden.

Buchenholzkohle ist der Nadelholzkohle vorzuziehen, da sie eine größere Festigkeit besitzt und keinen so großen Abrieb beim Transport und im Gaserzeuger ergibt.

Infolge der derzeitigen Knappheit an Holzkohle ist deren Verwendung als Brennstoff für Gaserzeuger im Reichsgebiet verboten. Es kann nur die als Zusatz für den Betrieb von Holzgaserzeugern benötigte Holzkohle in beschränktem Umfange geliefert werden.

Torfkoks. Zu seiner Gewinnung wird maschinengeformter, lufttrockener Hochmoortorf bei Temperaturen zwischen 300° und 600° C destilliert. Dabei werden zwischen 100° und 200° die Wassermengen, die bei lufttrockenem Torf im allgemeinen 25 bis 30% des Brennstoffgewichtes ausmachen, frei. Bei steigenden Temperaturen wird gleichzeitig Kohlensäure abgeschieden und zwischen 280° und 500° C entweichen die teerigen Bestandteile unter gleichzeitiger Schwarzfärbung des restlichen Kokses. Neben dem Torf entstehen noch andere Nebenprodukte wie Gas und Essigsäure.

Torfkoks stellt einen sehr reaktionsfähigen Brennstoff dar, der seinem Verhalten nach der Holzkohle nahekommt. Es ist ein poröser Stoff von stumpfgrauer Farbe und wird bisher nur an einer Stelle (Elisabethfehn bei Oldenburg) in beschränkten Mengen fabrikmäßig hergestellt. Seine Gewinnung stellt eine Möglichkeit der Torfmoorverwertung dar, die im Zusammenhang mit der Urbarmachung der Moore auch sonst noch wirtschaftliche Vorteile verspricht. Der Torfkoks besitzt folgende Kennzahlen:

<pre>
Zusammensetzung: Kohlenstoff . . . . 80—85%
                 Wasserstoff 2%
                 Sauerstoff 6%
Unterer Heizwert . . . . 7000—7500 kcal/kg
Aschegehalt . . . . 3—4%
Schwefel- + Phosphorgehalt 0,35%
Flüchtige Bestandteile 15%
Wassergehalt. 6%
Schüttgewicht . . . . 250—325 kg/m³
</pre>

Bei niederen Temperaturen im Gaserzeuger ist die Asche weiß und pulverförmig und kann leicht etwa durch Rütteln eines Rostes entfernt werden. Bei hohen Vergasungstemperaturen bildet sich ein Schlackenkuchen, der sich mühelos zerbröckeln läßt.

Braunkohlenschwelkoks. Die Braunkohle wird in Brikettform bei Temperaturen bis etwa 550° C unter Luftabschluß erhitzt, d. h. entschwelt. Als Rückstand erhielt man früher einen feinkörnigen Koks, den Grudekoks, dessen Absatzmöglichkeit jedoch beschränkt ist. Neuerdings ist es indes gelungen, einen grobstückigeren Hartkoks zu erzeugen, dessen anfallende Menge bei dem vorgesehenen Ausbau der Schwelanlagen Mitteldeutschlands mehr und mehr wächst. Von der Riebeck-Kohle-Gesellschaft in Halle wird ein Hartkoks geliefert, dessen Verkokung freilich bei höheren Temperaturen erfolgt, so daß die Ausbeute an Schwelprodukten höher liegt als beim normalen Schwelverfahren. Ein ähnlicher Koks wird von der Brikett- und Kohlehandelsgesellschaft Leipzig unter der Bezeichnung „Brikozit" geliefert. Bei dem Schwelvorgang entweichen Wasserdampf und Schwelgase, der Schwelkoks bleibt als Rest zurück. Die kondensierbaren flüchtigen Bestandteile des Gases werden niedergeschlagen und der entstehende Schwelteer wird durch Destillieren oder Hydrieren in Motortreibstoffe umgewandelt.

Die Reaktionsfähigkeit des Schwelkokses ist eine sehr gute und bleibt auch bei hohen Temperaturen im Gaserzeuger erhalten. Die Kennzahlen von mitteldeutschem Braunkohlenschwelkoks sind folgende:

<pre>
Unterer Heizwert . . . . 5600—6000 kcal/kg
Wassergehalt. . . . . 10—12%
Aschegehalt . . . . 20—22%
Gesamter Schwefelgehalt . . . . 3—4%
Körnung . . . . 10—30 mm
Aschenschmelzpunkt . . . . 1170° C
Schüttgewicht . . . . 750—800 kg/m³
</pre>

Auch dieser Brennstoff enthält noch geringe Mengen flüchtiger Bestandteile, ist aber praktisch teerfrei. Nachteilig ist sein hoher Aschegehalt. Die Asche fällt zum Teil als Staub an, bildet aber in der Feuerzone (an der Luftzutrittstelle) einen mehr oder weniger harten Schlackenkuchen, der sich auch an den Wandungen festsetzt. Die Konstruktion des Gaserzeugers muß so gewählt werden, daß der Gasdurchtritt möglichst frei von Schlackenbrücken bleibt. Dies ist soweit möglich, daß sich die Zeiten für die immerhin notwendige Entschlackung in tragbaren Grenzen halten.

Der Schwefelgehalt des mitteldeutschen Schwelkokses ist außerordentlich hoch. Ein Teil des Schwefels geht zwar im Gaserzeuger in die Verbrennungsrückstände über (Aschenschwefel). Der größere Teil findet sich jedoch im Gase vorwiegend als Schwefeldioxyd und Schwefelwasserstoffverbindungen. Eine Verwendung von Schwefelreinigern, wie in ortsfesten Anlagen gebräuchlich, ist derzeitig infolge der beschränkten Platzverhältnisse im Fahrzeug unmöglich. Bei der Abkühlung des Gases unter den Taupunkt treten daher erhebliche Korrosionen an den Gasleitungen, Reinigungsteilen und im Motor auf, die dann eine frühzeitige Zerstörung bewirken. Der Maschinen- und Apparateverschleiß ist derart groß, daß die Verwendung von mitteldeutschem Braunkohlenschwelkoks mit einem so hohen Schwefelgehalt unmöglich ist. Anders liegen die Verhältnisse bei rheinischem Braunkohlenschwelkoks; jedoch ist dieser in größeren Mengen nicht zu erhalten, da er vorerst nur in Versuchsanlagen in kleinsten Mengen hergestellt wird.

Mit Sudetenschwelkoks sind die Versuche erst in Vorbereitung. Brüxer Braunkohlenschwelkoks hat folgende Zusammensetzung:

    Wasser . . . .   6—13%
    Asche (auf Trockensubstanz bezogen) .   10—21%
    Schwefel . . . .   1—2%
    Erweichungspunkt der Asche . . . . . 1125—1400° C
    Schmelzpunkt der Asche . . . . 1165—1495° C

Seine Zusammensetzung ist stark schwankend, ebenso seine Körnung. Im Gegensatz zu mitteldeutschem Schwelkoks macht sich beim Brüxer Schwelkoks der Schwefel weder durch unangenehmen Geruch bemerkbar, noch konnten außergewöhnliche Korrosionen festgestellt werden. Dieser Koks zeichnet sich durch eine hohe Reaktionsfähigkeit aus. Schwierigkeiten macht jedoch der großenteils sehr hohe Aschegehalt und das stark schwankende Ascheverhalten. Wie weit die Asche durch verbesserte Aufbereitungsverfahren der Rohkohle oder durch eine chemische Entaschung verringert werden kann, läßt sich derzeitig noch nicht sagen.

Steinkohlenschwelkoks. Dieser Brennstoff wird in ähnlicher Weise wie der Braunkohlenschwelkoks gewonnen. Er unterscheidet sich jedoch von letzterem darin, daß zwar zunächst eine Reaktionsfähigkeit recht gut ist, aber bei höheren Temperaturen mit der Umwandlung des Brennstoffes in Hochtemperaturkoks allmählich absinkt. Eigentümlich für diesen Brennstoff ist die Tatsache, daß infolge des großen Anteils

an flüchtigen Bestandteilen das Anheizen des Gaserzeugers sehr rasch
erfolgt, daß ferner bereits nach kurzer Betriebszeit der Motor eine
recht gute Leistung zeigt, die dann aber allmählich etwas absinkt.
Besonders bei wechselnder Belastung und nach Betriebspausen macht
sich die geringere Reaktionsfähigkeit nachteilig bemerkbar. Durch
Niedrighalten der Schachtbelastung kann dieser Nachteil gemildert
werden.

Zusammensetzung der aschefreien Substanz:

Kohlenstoff . . . . 89—93%
Wasserstoff . . . . 3,8—4,2%
Schwefel . . . . 1—1,2%

Weitere Kennzahlen sind:

Flüchtige Bestandteile . . . . 8—12%
Asche . . . . 4—8%
Unterer Heizwert . . . . 7300—7600 kcal/kg
Körnung . . . . 8—20 mm
Schüttgewicht . . . . 400—440 kg/m³
Ascheschmelzpunkt . . . . 1180—1380° C

Mittlere Zusammensetzung der Asche:

SiO_2	. . . . . 40%	Fe_2O_3	. . . . . 20%	Alkalien	. . . . 4%
Al_2O_3	. . . . . 30%	CaO	. . . . . 2%	Rest	. . . . . . 4%

Die Asche sintert zu einem Schmelzfluß zusammen und kann bei
unrichtiger Gasströmung den Gasdurchtritt allmählich hemmen. Dabei
backt die Schlacke mit unverbranntem Brennstoff zu einem Kuchen
zusammen. Versuche haben jedoch ergeben, daß eine Beseitigung dieser
Schwierigkeit durch eine entsprechende Gasführung möglich ist.

Anthrazit. Unter Anthrazit versteht man die gasärmste und kurz-
flammigste Steinkohle, die man auch als Sandkohle bezeichnet. Infolge
ihres geringen Gehaltes an flüchtigen Bestandteilen zählt sie zu den
Magerkohlen und hat keine Backfähigkeit. Sie gehört geologisch zu
den ältesten Kohlen und hat demnach eine nur geringe Reaktionsfähigkeit. Im übrigen gleicht sie in ihrem Verhalten dem Steinkohlenschwelkoks. Sie hat folgende Eigenschaften:

Zusammensetzung der aschefreien Substanz:

Kohlenstoff . . . . 90—92%
Wasserstoff . . . . 3,8—4,2%
Schwefel . . . . 0,8—1,2%
Sauerstoff + Stickstoff . . . . 2—4%
Flüchtige Bestandteile . . . . 7—11%
Unterer Heizwert . . . . 7600—7800 kcal/kg
Aschegehalt . . . . 4—9%
Aschenschmelzpunkt . . . . 1180—1380° C
Schüttgewicht . . . . 850—880 kg/m³

Die günstigsten Ergebnisse erhält man bei feinstückigem Anthrazit.
Aber auch hier sinkt die Reaktionsfähigkeit, wenn die Kohle hohen

Temperaturen ausgesetzt war und in Hochtemperaturkoks verwandelt wurde.

Im allgemeinen enthält das Gas kleine Teermengen, die man aber in Kauf nehmen kann.

Da der Verwendung von Anthrazit für Fahrzeuggaserzeuger heute eine gesteigerte Bedeutung zukommt, wurde dieser durch den Generalbevollmächtigten für das Kraftfahrwesen, Abt. G., genormt. Der Brennstoff wird nach einem besonderen Verfahren gewaschen und ist daher besonders aschearm. Die Lieferbedingungen sind folgende:

Stückgröße: Nuß IV (10—18 mm) Unter- und Überkorn zusammen höchstens 10%
Unterer Heizwert: mindestens 7400 kcal/kg
Zündpunkt: 470° C
Wassergehalt: höchstens 5% (bis 105° C)
Aschegehalt: höchstens 5%
Gesamtschwefel: höchstens 1%
Flüchtige Bestandteile: höchstens 11%
Die Kohle darf unter keinen Umständen backen.

2. Teerhaltige Brennstoffe.

Holz. Holz stellt einen leicht zu beschaffenden Brennstoff dar und eignet sich sehr gut für die Vergasung. Allerdings bestehen zwischen den verschiedenen Holzarten erhebliche Unterschiede, nicht jedes Holz ist gleich gut geeignet. Vor allem sind Abfälle in Form von Säge- und Hobelspänen für Hochleistungs-Gaserzeuger unbrauchbar, sie lassen sich nur in ortsfesten niedrig beanspruchten Gaserzeugern als Zusatzbrennstoff zufriedenstellend verwenden.

Jedes Holz muß lufttrocken sein, d. h. der Feuchtigkeitsgehalt soll nicht mehr als 20% betragen. Unter Umständen kann man noch bis 25% gehen, muß aber dann eine geringere Güte des Gases und einen erhöhten Holzkohlenverbrauch in Kauf nehmen. Im Zusammenhang mit der gesteigerten Nachfrage muß man heute infolge der begrenzten Lagerungs- und Trocknungsmöglichkeiten vielfach Holz mit einer höheren Feuchtigkeit als 30% verwenden. Außer dem Leistungsverlust wachsen damit auch die Wartungszeiten infolge des damit verbundenen starken Zerfalls der Holzkohle. Außerdem verschlechtern sich die ganzen Betriebsverhältnisse. Dies zeigt sich als besonders nachteilig bei den größeren Leistungseinheiten hauptsächlich im Diesel-Gas-Betrieb. Je größer die Belastung, desto empfindlicher ist die ganze Anlage gegen eine zu große Holzfeuchtigkeit.

Am besten eignet sich Buchenholz, und zwar als Stückholz oder als Astholz, sofern der Anteil der Rinde nicht zu hoch ist. Zu lange und dünne Aststücke sollten nicht verwendet werden. Die Stückgröße richtet sich nach den Abmessungen des Gaserzeugerschachtes und kann im Mittel zu 6×6×8 cm angenommen werden. Für die

Zerkleinerung des Holzes werden zum Teil automatisch arbeitende Hackmaschinen verwendet, ähnlich denen, die in Zellstoffbetrieben gebräuchlich sind. Wenn auch damit die Zerkleinerungskosten gesenkt werden konnten, so leidet darunter die Tankholzgüte nicht unbeträchtlich. Bei dem Hackvorgang wird das Holz in seiner Faserstruktur aufgesplittert. Die Stückgröße wird sehr ungleich, da viel feinsplitteriges Häckselholz entsteht. Letzteres wird am besten ausgeschieden, da es keine stückige Holzkohle bildet und zu Betriebsschwierigkeiten Anlaß gibt. Die davon anfallende Menge beträgt bis zu 20 %, die als Abfall zu buchen ist. Auch das übrige Holz ist in seinem aufgesplitterten Zustand nicht mehr vollwertig, da die gebildete Holzkohle stark zerfällt. Die Folge davon ist, daß der Gaserzeuger in kürzeren Abständen vollständig entleert und neu gefüllt werden muß. Neben der dadurch bedingten Mehrarbeit wird zuviel Zusatzholzkohle benötigt.

Die Aufarbeitung von Stückholz wird am zweckmäßigsten so vorgenommen, daß das Holz möglichst frühzeitig nach dem Schlagen in Stücke mit einer Kantenlänge von 6×6 cm gerissen, dann zum Trocknen luftig aufgesetzt und kurz vor seiner Verwendung in Längen von 8 cm mit der Bandsäge geschnitten wird. Gute Erfahrungen sind in der Schweiz mit einer automatisch arbeitenden Kreissäge mit selbsttätiger Zustellung und Vorschub gemacht worden[1]. Wenn auch die Zerkleinerungskosten bei dieser vorwiegend von Hand erfolgenden Zerkleinerung etwas höher sind als bei Verwendung einer Hackmaschine, so wird dies durch die bessere Holzbeschaffenheit wieder ausgeglichen. Das Reißen des Holzes hat stets in grünem Zustand zu erfolgen, da sich ausgetrocknetes Holz viel schlechter verarbeiten läßt. Außerdem ist es mit Rücksicht auf die Güte des Tankholzes zu vermeiden, die geschlagenen Bäume noch längere Zeit in unzerkleinertem Zustand zu lagern, da das Holz im Innern leicht stockig wird.

Buchenholz ergibt eine gute formbeständige Holzkohle, während die Weichhölzer eine leicht zerreibliche Holzkohle bilden und daher zweckmäßig nur in Mischung mit Buchenholz (30 bis 50 % Weichholz) Verwendung finden sollten. Die Formbeständigkeit der Holzkohle nimmt mit der Härte des Holzes zu, jedoch kann diese Härte bei ein und derselben Holzart je nach der Herkunft wechseln. Es eignet sich z. B. Buchenholz, das in bergiger Gegend gewachsen ist, besser als solches, das den Niederungen, besonders einer feuchten Gegend, entstammt.

Hinsichtlich der Gaszusammensetzung kann man unter den einzelnen Holzarten keine wesentlichen Unterschiede feststellen. Weichholz läßt sich etwas leichter entgasen und weist daher bei stark wechselnder

---

[1] Lanz: Herstellung von Gasholz. Schweiz. Verband f. Waldwirtschaft, Solothurn 1940.

Last gewisse Vorteile auf. Auch mit Eichenholz konnten gute Ergebnisse erzielt werden. Es bildet sich dabei eine sehr harte Holzkohle, die sich lange Zeit formbeständig hält.

Untersuchungen haben ergeben, daß der Heizwert der verschiedenen Holzarten, auf die Trockensubstanz bezogen, nahezu gleich ist und im Mittel mit 4500 kcal/kg angenommen werden kann. Der tatsächliche (untere) Heizwert richtet sich demnach nach dem Wassergehalt, er liegt bei lufttrockenem Holz zwischen 3500 bis 3800 kcal/kg.

Holz gibt eine sehr lockere Asche und besitzt einen niederen Aschengehalt von weniger als 1%. Diese Asche wird zum Teil mit dem Gas mitgerissen oder backt mit dem Holzkohlenstaub zu leicht zerreiblichen Stücken zusammen, die sich in dem vom Gasstrom nicht bestrichenen Teil der Holzkohlenschicht ansammeln und bei der erforderlichen periodischen Erneuerung der Holzkohle entfernt werden.

Die Stückgröße des Holzes muß, wie bereits angedeutet, der Größe des Gaserzeugers angepaßt werden. Der Einfluß auf die Gaszusammensetzung ist innerhalb weiter Grenzen unerheblich. Zu grobstückiges, kantiges und insbesondere gesplittertes Holz bildet im Gaserzeuger leicht Brücken und Hohlräume. Dadurch sinkt die Leistung; die Gassäule kann sogar ganz abreißen und der Motor zum Stillstand kommen. Treten Brückenbildungen bereits beim Anblasen ein, so dauert der Anblasevorgang besonders lange. In diesem Falle muß die Brückenbildung durch Nachstochern zerstört werden. Letzteres empfiehlt sich auch nach längeren Betriebspausen (s. Abschn. I).

Zusammensetzung des Holzes (Buchenholz, wasserfrei):

Kohlenstoff	46,6%	Asche	0,6%
Wasserstoff	5,8%	Schüttgewicht	300—400 kg/m³
Sauerstoff + Stickstoff	45 %		

Für Tankholz wurden folgende Lieferbedingungen festgelegt:

Holzart: Laub- und Nadelholz, insbesondere Buche, Birke, Esche, Eiche, Kiefer, Schwarzkiefer, Fichte, Tanne.

Holzsorte:

  a) Brennholz aus dem Walde:

    1. Brennderbholz wie Scheitholz, Knüppelholz, Knorrholz, Abfallholz.
    2. Brennreisig wie Reiserknüppel, Stangenreisig, Astreisig und Ausbuschreisig bis zu einer Stärke von 2 cm herab.
    3. Stockholz Kl. A und B zu 1—3. Anbruchholz kann mit verwendet werden.

  b) Industrieabfallholz: Stückabfälle aller Art, wenn sie den unten angegebenen Abmessungen entsprechen. Imprägnierte, gestrichene und verleimte (Sperrholz) nur gemischt zur Hälfte mit anderen Abfällen

  c) Ausgebaute Bauhölzer aus Hoch- und Tiefbau: Abbruchhölzer, ausgebaute Schwellen und Masten. Gebrauchte Grubenstempel und Abfälle von solchen. Abfälle vom Vorhalteholz (ohne Eisenteile, Beton und Mörtel).

Feuchtigkeitszustand: Nicht über 25—30% Feuchtigkeitsgehalt.

Lagerung: Unter Dach, trocken, auf luftdurchlässigen Unterlagen (Rost) gegen Regen geschützt.

Stückgröße: Länge nicht über 10 cm
        Stärke „   „   6 „
        keine Hobel- oder Sägespäne.

Verwendung: 1. unvermischt. Alle Laubhölzer und alle Nadelhölzer.
              2. gemischt. Laub- und Nadelholz je zur Hälfte.

Abgabe: Nach Gewicht in kg lose oder in Papiersäcken.

Braunkohlenbrikett. Diese Briketts werden hergestellt aus erdigen Braunkohlen mit einem bestimmten Bitumengehalt durch Pressen der vorgetrockneten Rohkohle. Je nach ihrem Vorkommen weisen die einzelnen Sorten erhebliche Unterschiede besonders hinsichtlich des Gehaltes an Teer, Schwefel und Asche auf. Ein Schwefelgehalt über 1% ist aus den früher angegebenen Gründen unter allen Umständen zu vermeiden. Stückkohle ist nur dann brauchbar, wenn sie nicht zusammenbackt und eine ausreichende Formbeständigkeit besitzt.

Zusammenstellung verschiedener Braunkohlen:

	Rheinische Briketts %	Mitteldeutsche Briketts %	Ostelbische Briketts %	Sudeten-Hart-braunkohle (Stückkohle) Brüx %
Kohlenstoff.	63—56	51—53	52	45—48
Wasserstoff.	3,5—4,5	4,3—4,7	4,1—4,3	3,7—4,0
Sauerstoff	20—22	16—19	20—21	10,6—14,4
Stickstoff.	0,3—0,6	0,2—0,4	0,3	0,6—0,8
Gesamtschwefel	0,3—0,5	2,0—2,7	1,2	0,6—1,6
Wasser.	13—16	13—17	12—17	28,5—31,5
Asche	3—6	8—11	4—9	3,5—6,7
Aschenschmelzpunkt. .	1180°	—	—	—
Flüchtige Bestandteile .	42—46	42,5	42,5	31—37
Unterer Heizwert . . .	4700—4900	4750	4700	4150—4500
Schüttgewicht je nach Stückgröße	700—800 kg			

Auch hier beeinflußt, ähnlich wie bei Holz, der Wassergehalt des Brennstoffes die Verwendbarkeit der Braunkohle recht erheblich. Ein Höchstwassergehalt von 15% sollte möglichst nicht überschritten werden. Diese Bedingung wird von den Briketts erfüllt, nicht aber von den Sudeten-Hartbraunkohlen. Letztere müssen daher stets vorgetrocknet werden.

Die Braunkohle zeichnet sich durch eine hohe Reaktionsfähigkeit aus und ist in dieser Beziehung allen anderen Brennstoffen, sogar Holz, überlegen. Infolge ihres hohen Gehaltes an teerigen Bestandteilen werden an den Gaserzeuger hinsichtlich des Zersetzens des Teers besonders hohe Anforderungen gestellt.

Torf. Je nach dem Vorkommen sind die Unterschiede noch größer als bei allen anderen Brennstoffen. Auch für diesen Brennstoff sind folgende Lieferbedingungen aufgestellt:

Torfart: Schwarztorf
Torfsorte: Maschinentorf
Feuchtigkeitszustand: nicht über 25—30% Feuchtigkeitsgehalt
Aschegehalt: nicht über 2%
Schwefelgehalt: nicht über 0,3%
Lagerung: unter Dach, trocken, luftdurchlässig
Stückgröße: 25—80 mm, gebrochen und abgesiebt
Verwendung: a) bei Torfgasgeneratoren ohne Holzbeimischung
           b) bei Holzgasgeneratoren nur gemischt je zur Hälfte mit Hart-
              oder Weichholz
Abgabe: nach Gewicht in kg.

Der Torf kommt der Braunkohle am nächsten. Er kann daher im allgemeinen in einem Gaserzeuger für Braunkohle direkt verwendet werden. Im Holzgaserzeuger muß er mit Holz gemischt werden, und zwar Holz und Torf je hälftig. Auch hier ist ein möglichst niederer Wassergehalt anzustreben.

Steinkohle. Wie weit sich diese für den Betrieb von Hochleistungs-Gaserzeugern verwenden läßt, ist noch fraglich. Grundsätzlich können nur nichtbackende Kohlen, also Magerkohlen, verwendet werden, da sonst der Brennstoff nicht nachrutscht. Wenn auch bei eigenen Versuchen eine Mischung aus Gasflammkohle und Koks mit einigem Erfolg sich verwenden ließ, so sind diese Versuche jedoch noch lange nicht abgeschlossen. Jedenfalls erscheint es nicht unmöglich, auch hier Wege zu finden. Eine Schwierigkeit bleibt jedoch bestehen, daß beim Übergang auf Hochtemperaturkoks die Reaktionsfähigkeit wie bei allen geologisch älteren Brennstoffen absinkt.

C. Die Vorgänge im Gaserzeuger.

1. Oxydation und Reduktion (Vergasung).

Das Gas, das in den Gaserzeugern gewonnen wird, bezeichnet man als Mischgas. Zu seiner Bildung wird dem Gaserzeuger gleichzeitig Luft und Wasser in Dampfform zugeführt. Letzteres kann dabei als Feuchtigkeit auch bereits im Brennstoff enthalten sein wie z. B. bei Holz und Braunkohlenbriketts. Zur Bildung eines derartigen Mischgases sind bestimmte Temperaturen notwendig; ferner werden bei bestimmten Umsetzungen entsprechende Wärmemengen gebunden. Die hierzu erforderlichen Wärmemengen müssen in der Oxydationsstufe frei gemacht werden, wobei im wesentlichen unter Einwirkung der Luft auf den Kohlenstoff nach der Verbrennungsgleichung: $C + O_2 \rightarrow CO_2$ als Endprodukt Kohlendioxyd entsteht. Infolge der hohen Strömungsgeschwindigkeit wird in der Brennstoffschicht, die der Lufteintrittsstelle am nächsten ist, stets ein Überschuß an Sauerstoff vorhanden sein, neben dem CO unbeständig ist. Als Primärreaktion ist daher die gleichzeitige Bildung von CO nicht denkbar. Es wird also in den Eingangsschichten CO_2 entstehen. Bei der Verbrennung von 1 kg Kohlenstoff zu Kohlendioxyd werden 8130 kcal frei.

Die bei der Oxydation entstehenden Wärmemengen werden einesteils zur Deckung der Wärmeverluste, zum anderen Teil in der folgenden Reduktionsstufe zur teilweisen Umwandlung der entstehenden Oxydationsprodukte verwendet. Den Verbrennungsvorgang hat man sich folgendermaßen zu denken: Die Vereinigung des Brennstoffes mit dem Luftsauerstoff verläuft auf der Oberfläche eines jeden Brennstoffteilchens. Infolge der freiwerdenden Wärmemenge steigt die Temperatur. Unter Außerachtlassung der gleichzeitig abgestrahlten und abgeleiteten Wärmemengen strebt diese Temperatur einem eindeutig bestimmbaren Höchstwert zu, der, auf ein Flächenelement der Brennstoffoberfläche bezogen, einen von der Natur des Brennstoffs abhängigen Wert besitzt. Im praktischen Betrieb wird infolge der gleichzeitigen Wärmeabfuhr dieser Temperaturhöchstwert nur näherungsweise erreicht und ist weitgehend unabhängig von der Belastung des Generators. Diese Temperaturen wurden nach eigenen Versuchen mittels eines Strahlungspyrometers an einigen Gaserzeugern mit absteigender Vergasung an der Luftzutrittsstelle gemessen. Die Temperaturen unterscheiden sich oberhalb einer gewissen unteren Grenzbelastung des Gaserzeugers nur um etwa 100 bis 150° C. Dies ist für die Wasserstoffbildung, die noch besprochen werden wird, von besonderer Bedeutung. Der Brennstoff hinter der Verbrennungszone wird durch die von den Gasen mitgenommene Verbrennungswärme erhitzt, wodurch allmählich die Temperaturen in der ganzen Glühschicht ansteigen, aber von der Verbrennungszone ab mehr und mehr absinken.

Mit der Bildung von CO_2 aus C wächst einerseits die Temperatur in der Glühschicht, andererseits aber mit steigenden Temperaturen die Boudouardsche Reaktion, d. h. Zerfallsneigung des CO_2 zu CO nach der Beziehung: $CO_2 + C \rightarrow 2\,CO$ unter Wärmebindung, wobei für $1\,m^2$ CO eine Wärmemenge, die sog. Bildungswärme, von 1710 kcal benötigt wird. Diese sekundäre Bildung von CO hängt von der Reaktionsfähigkeit des Brennstoffes und von der jeweiligen Reaktionsgeschwindigkeit ab und wird unterstützt durch die glühende Kohle. Mit dieser Reaktion ist eine Temperaturerniedrigung verbunden. Es arbeiten daher beide Vorgänge einander entgegen. Bei jeder Temperatur stellt sich ein Beharrungszustand ein, in welchem gerade so viel Wärme durch Zerspalten von CO_2 in CO verbraucht, wie durch Bildung von CO_2 aus C erzeugt wird. Das Anteilverhältnis von CO zu CO_2 ist von der Temperatur abhängig, jedenfalls um so größer, je höher die Temperatur ist. Der Kohlenstoff kann also nur bei niedrigeren Temperaturen restlos zu CO_2 verbrennen, während bei höheren Temperaturen Zerfallsbestrebungen in niedrigere Oxydationsprodukte, also bei Kohlenstoff zu CO, eine restlose Verbrennung verhindern.

Die Reduktion von CO_2 beginnt etwa bei 500° C, erreicht aber erst bei 800° C genügend hohe Umsetzungsgeschwindigkeiten, die mit der Temperatur ansteigen und von der Art des Brennstoffes und dessen Korngröße abhängig sind. Je kleiner die Korngröße, um so leichter geht die Umsetzung an der vergrößerten aktiven Oberfläche des Brennstoffes vor sich. Eine Grenze der Korngröße nach unten ist allerdings durch die wachsenden Durchtrittswiderstände gegenüber dem Gas gesetzt.

Den Einfluß der Länge der Glühschicht zeigt ein Versuch des Verfassers mit Steinkohlenschwelkoks. Dabei wurden folgende Werte unter sonst gleichen Bedingungen gemessen:

Länge der Glüh-schicht in cm	Temperatur t_g	CO	CO_2	H_2	CH_4	CO/CO_2
60	430	15,1	11	9,8	1,1	1,11
80	480	21,3	5,3	10,2	0,4	3,55

Eine Verlängerung der Glühschicht begünstigte daher die Reduktion von CO_2 zu CO, gleichzeitig sank bei diesem Versuch der Methangehalt.

Wie bereits angedeutet, ist die Beschaffenheit des Brennstoffes selbst auf die Umsetzung von ganz wesentlichem Einfluß, worüber im nächsten Abschnitt Näheres gesagt werden wird.

Der Gleichgewichtszustand zwischen Kohlenoxyd und Kohlendioxyd wird als Kohlensäuregleichgewicht, Boudouardsches Gleichgewicht, bezeichnet und folgt der Beziehung

$$\frac{(CO)^2}{CO_2} = P \cdot K_k.$$

In diese Gleichung sind die Gase in Raumteilen einzusetzen. Das Verhältnis $\frac{(CO)^2}{CO_2}$ ist vom Druck P im Gaserzeuger und von den Konstanten K_k des Kohlensäuregewichtes abhängig. Da der Druck P nur ganz geringfügig schwankt, kann auch dieser Wert mit großer Annäherung als konstant angesehen werden. Die Konstante K_k ist stark abhängig von der Temperatur und beträgt[1]:

t° C	400	500	600	700	800	900	1000	1100
K_k	0,0002	0,009	0,144	1,366	8,15	34,52	115	331

Wieweit dieser Gleichgewichtszustand erreicht wird, hängt von einer ganzen Reihe der verschiedensten Einflüsse ab. Die wichtigsten sind dabei: Die Bauart des Gaserzeugers, die Beschaffenheit des Brenn-

---

[1] Dolch: Wassergas S. 26.

stoffes und die Berührungsdauer zwischen Gas und Brennstoff. In vielen Fällen wird im Gaserzeuger nur ein Teilbetrag des theoretisch möglichen Wertes an CO_2 gespalten werden.

Infolge der gleichzeitigen Gegenwart von Wasserdampf in einem Gaserzeuger findet noch eine weitere Umsetzung statt, wobei zwei Möglichkeiten gegeben sind:

$$C + H_2O \rightarrow CO + H_2 - 1600 \text{ kcal je 1 kg } H_2O\text{-Dampf}$$
$$C + 2H_2O \rightarrow CO_2 + 2H_2 - 520 \text{ kcal je 1 kg } H_2O\text{-Dampf.}$$

In beiden Fällen wird also bei der Umsetzung Wärme gebunden.

Aus den hierzu vorliegenden Untersuchungen kann man schließen, daß neben der eingangs erwähnten Umsetzung von CO_2 in CO beide Umsetzungen tatsächlich gleichzeitig stattfinden. Die Wasserstoffbildung benötigt höhere Temperaturen als die Boudouardsche Reaktion, weshalb man annehmen muß, daß die Entstehung des Wasserstoffes an der Stelle höchster Temperaturen im Gaserzeuger erfolgt. Dies ist aber die Brennzone. Wie bereits anfangs erwähnt, schwanken dort die Temperaturen bei wechselnder Belastung nur in sehr engen Grenzen, so daß der Gehalt des Gases an Wasserstoff sich nur wenig bei verschiedenen Belastungen ändert. Für eine bestimmte Gaserzeuger- und Brennstofftype kann der Wassergehalt als kennzeichnend angesehen werden. Man ist jedoch berechtigt anzunehmen, daß (allerdings nur bei Verwendung von Brennstoffen, die keine oder nur sehr geringe Mengen von flüchtigen Bestandteilen enthalten) die Wasserstoffbildung in der Nähe der Brennzone erfolgt, während die Bildung von CO erst in den nachfolgenden Schichten vor sich geht. Ein Beweis für diese Folgerung ist der auf S. 16 wiedergegebene Versuch zum Nachweis einer Erhöhung des CO-Gehaltes durch Verlängerung der Glühzone.

Zu dem bereits erwähnten Gleichgewicht zwischen CO und CO_2 kommt noch ein zweites, das Wassergasgleichgewicht, hinzu, dargestellt durch die Beziehung

$$K_w = \frac{V_{CO} \cdot V_{H_2O}}{V_{CO_2} \cdot V_{H_2}},$$

wobei durch V die Raumteile des betreffenden Gases bezeichnet sind. Die Gleichgewichtskonstante K_w ist ebenfalls stark temperaturabhängig und beträgt:

$t°$ C	727	927	1127	1227	1427	1727	2227
K_w	0,652	1,35	2,15	2,56	3,42	4,63	6,52

Wieweit dieser theoretische Gleichgewichtszustand in Wirklichkeit erreicht wird, hängt von der Strömungsgeschwindigkeit der Gase in der Feuerzone ab und damit von der Berührungsdauer zwischen Gas und Brennstoff. Je länger diese Berührungsdauer ist, desto mehr nähert sich die Gaszusammensetzung dem Wassergasgleichgewicht. Außerdem

kommt es noch auf die Korngröße des Brennstoffes und seine Oberflächenbeschaffenheit (Porosität) an, auf die Länge des Gasweges in
der Glühzone und insbesondere auf die Menge des zugesetzten Wasserdampfes.

Über diesen Einfluß liegen zahlreiche Versuche vor. Es ergab sich
bei einer [1]

Länge der Glühschicht	213 cm				
Brennstoffdurchsatz	574 kg Kohle/h				
Dampfsättigungstemperatur . . .	60°	65°	70°	75°	80°
Verbrauchter Dampf in kg					
je kg Kohle	0,45	0,55	0,80	1,10	1,55
Davon gespalten %	87,4	80,0	61,4	52,0	40,0
Gaszusammensetzung:					
CO_2	5,25	6,95	9,15	11,65	13,25
CO	27,3	25,4	21,7	18,35	16,05
H_2	16,6	18,3	19,65	21,8	22,65
CH_4	3,35	3,4	3,4	3,35	3,5
N_2	47,5	45,9	46,1	44,83	44,55
Unterer Heizwert je m^3 Gas . .	1543	1433	1455	1405	1371

Bei diesem Versuch war die Luft bei den angegebenen Temperaturen
vollständig mit Wasserdampf gesättigt. Bei einer Steigerung des Wasserdampfzusatzes sank der CO-Gehalt rasch ab. Trotz der gleichzeitigen
Zunahme des Wasserstoffanteils ist ein Absinken des Heizwertes zu
bemerken.

Unter sonst gleichen Bedingungen wurde der Versuch wiederholt
mit einer

Länge der Glühschicht	106 cm, einem			
Brennstoffdurchsatz	1120 kg/h, einer			
Dampfsättigungstemperatur	45°	50°	55°	60°
Verbrauchter Dampf je kg Kohle . .	0,20	0,21	0,32	0,45
Davon gespalten %	100	95	100	76
Zusammensetzung:				
CO_2	2,35	2,5	4,4	5,1
CO	31,6	30,6	18,1	27,3
H_2	11,6	12,35	15,45	15,5
CH_4	3,05	3,0	3,0	3,05
N_2	51,4	51,55	49,05	49,05
Unterer Heizwert je m^3 Gas .	1517	1502	1506	1487

Der Einfluß der Verkürzung der Glühschicht wurde durch erhöhten
Brennstoffdurchsatz und damit durch erhöhte Temperatur ausgeglichen.
Die Veränderung der Wasserdampfmenge wirkt sich in ähnlichem Sinne
aus wie im ersten Versuch. Der Heizwert des Gases wird vorwiegend
durch den CO-Gehalt beeinflußt. Die motorisch günstige Gaszusammensetzung ergibt sich aus anderen Erwägungen (s. D 1).

---

[1] Fischer: Kraftgas, 2. Aufl. S. 116.

Abb. 1 zeigt den Einfluß wechselnder Gasentnahme auf die Zusammensetzung des Gases. Innerhalb weiter Grenzen ändert sich das Gas nur unwesentlich. Erst bei dauernder sehr niedriger Belastung sinken die brennbaren Bestandteile im Gas rasch ab. Der Punkt der unteren Grenzbelastung ist daher meistens viel stärker ausgeprägt als die obere Lastgrenze, die meist durch andere Einflüsse bestimmt wird.

Von weitgehendem Einfluß auf den Gang eines Gaserzeugers und auf die Einstellung des zu erwartenden Gleichgewichts sind die Strömungsverhältnisse in der Feuerzone. Besonders beim Hochleistungs-Gaserzeuger ist dies von Wichtigkeit. Meist ist eine vollkommene gleichmäßige Verteilung der Gasströmung über den ganzen Querschnitt nur schwer zu erreichen, es bilden sich dann kalte Zonen aus, die gasverschlechternd wirken.

Nach eigenen Untersuchungen an verschiedenen Gaserzeugern scheint die Reduktion von Wasserdampf, wie bereits erwähnt, in erster Linie an das Vorhandensein hoher Temperaturen gebunden zu sein, dagegen ist in diesem Falle die Gasgeschwindigkeit innerhalb gewisser Grenzen nur von geringem Einfluß. Bei der Kohlensäurereduktion scheinen jedoch die Verhältnisse gerade umgekehrt zu liegen. Hier darf eine gewisse höchstzulässige Strömungsgeschwindigkeit keinesfalls

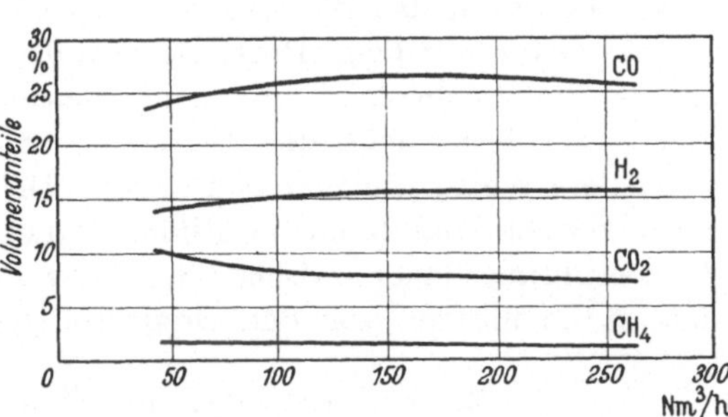

Abb. 1. Einfluß wechselnder Strömungsgeschwindigkeit auf die Gaszusammensetzung. Brennstoff Anthrazit Nuß 4; Sättigungstemperatur des Dampf-Luftgemisches 55—60° C.

überschritten werden, wenn eine Reduktion in größerem Umfang erfolgen soll. Diese Beobachtungen legen weiterhin die Vermutung nahe, daß das Wassergasgleichgewicht sich nur dann einstellen kann, wenn gleichzeitig die Temperaturen und Strömungsgeschwindigkeiten die entsprechenden Werte besitzen. Andernfalls wird sich das Gleichgewicht, besonders in Anwesenheit von überschüssigem H_2O, stets zugunsten der unbrennbaren Gasbestandteile (CO_2) verschieben und das Gas verschlechtern. Diese Zusammenhänge bedürfen jedoch weiterer versuchsmäßiger Klarstellung, auch wäre eine genauere Kenntnis des zeitlichen Verlaufs der Gasumsetzungen im Schacht von Wichtigkeit.

Man hat bereits versucht[1], durch Absaugen von Gas in verschiedener Höhe des Gaserzeugers diesen zeitlichen Verlauf der Gasbildung zu ermitteln. Es wurde in verschiedener Höhe eine Gasprobe entnommen. Jedoch ist zu erwarten, daß bei der gleichzeitigen Abkühlung der Gas-

---

[1] Siehe Mitt. über Forschungsarbeiten des VDI, Heft 40.

probe sich ein neuer Gleichgewichtszustand einstellt, so daß die Zusammensetzung der Probe nicht mehr der Gaszusammensetzung im
Schacht entspricht. Derartige Untersuchungen können daher zu falschen
Schlüssen verleiten, weshalb man wohl allein darauf angewiesen sein
wird, die Gesetze der Gasbildung aus der Zusammensetzung des End-
gases abzuleiten.

Zusammenfassend darf man sich auf Grund der vorhandenen Ver-
suchsunterlagen den Verlauf der Gasbildung folgendermaßen vorstellen:

a) Verbrennung in der Brennzone vorwiegend zu CO_2, wobei sich
entsprechend dem Kohlensäuregleichgewicht gleichzeitig geringe Mengen
CO bilden.

b) Unmittelbar anschließend an die Brennzone erfolgt die Wasser-
dampfreduktion an der Stelle höchster Temperatur. Die Wasserstoffbildung wird durch steigende Temperaturen begünstigt und ist im
übrigen von den Eigenschaften des Brennstoffes abhängig.

c) Die durch das Wassergasgleichgewicht bedingte Reduktion von
CO_2 in CO verläuft beim Durchströmen des Gases durch die Glühschicht
und ist im allgemeinen erst beim Gasaustritt aus dem Gaserzeuger
beendigt, sofern nicht die Temperaturen im Schacht bereits früher
zu niedere Werte angenommen haben. Die Einstellung des Wassergas-
gleichgewichts und damit die Bildung von CO wird durch die Erhöhung
der Berührungsdauer zwischen Gas und Brennstoff günstig beeinflußt
und ist im übrigen von den Brennstoffeigenschaften abhängig.

2. Die Reaktionsfähigkeit der Kraftstoffe.

Die Verwendbarkeit eines Brennstoffes im Gaserzeuger wird außer
durch seine physikalischen Eigenschaften durch seine Zünd- und Reduktionsfähigkeit beeinflußt. Beide Eigenschaften sind voneinander abhängig und werden bestimmt durch die Beschaffenheit und Korngröße
des Brennstoffes, die Zusammensetzung der Asche, den Zersetzungs-
grad des Wasserdampfes u. ä. Durch die Zündfähigkeit wird insbesondere die Dauer des Anblasens eines Gaserzeugers und die Gaszusammensetzung festgelegt. Die verschiedenen Brennstoffarten weichen
hierbei erheblich voneinander ab. Zahlenmäßige Untersuchungen wurden
am Institut für Braunkohlen- und Mineralölforschung der Technischen
Hochschule Berlin durchgeführt (Abb. 2). Dabei wurde eine bestimmte
Menge Brennstoff in einer Röhre erhitzt und Luft darüber geleitet.
Der Sprung in der Temperatur-Zeitkurve gibt die Selbstzündungs-
temperatur des Brennstoffes an. Am günstigsten verhält sich demnach
Holzkohle, während der Anthrazit am reaktionsträgsten ist. Diese
Werte lassen, wie bereits erwähnt, auf die Dauer der Gaserzeugung
beim Anblasen schließen und ermöglichen einen Vergleich der ver-
schiedenen Brennstoffarten.

In ähnlicher Weise verhalten sich die Brennstoffe bei der nachfolgenden Reduktion der gasförmigen Oxydationsprodukte. Die Reduktionsfähigkeit steht in einem bestimmten Verhältnis zum Zündpunkt des Brennstoffes, und ist um so niedriger, je höher der Zündpunkt

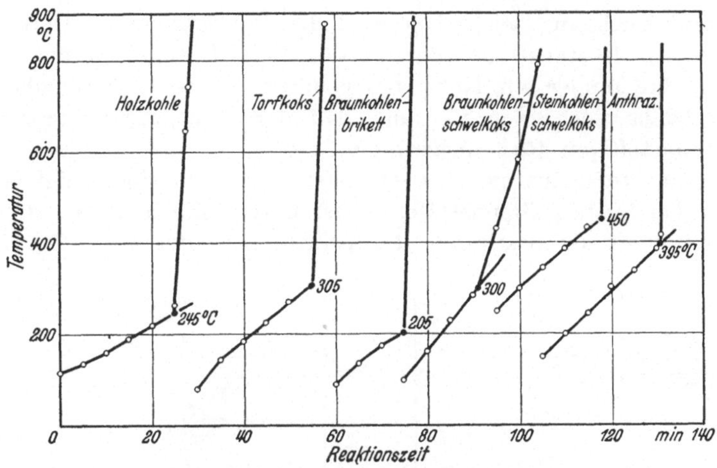

Abb. 2. Reaktionsfähigkeit fester Kraftstoffe.

liegt. Diese Abhängigkeit stellt Abb. 2[1] dar. Nach Abb. 3[2] sinkt unter dem Einfluß der Reaktionsfähigkeit die Gasqualität mit steigendem Zündpunkt. Diese Abhängigkeit ist jedoch keine eindeutige, sondern wird von der Gaserzeugerbelastung beeinflußt. Man ist daher vorwiegend auf Einzelbeobachtungen im praktischen Betrieb angewiesen. Absolute Werte können hier schon deshalb nicht angegeben werden, weil die Reduktionsfähigkeit der Brennstoffe sich fast stets im Laufe der Betriebszeit ändert. Die beste Reduktionsfähigkeit besitzt wieder die Holzkohle, während sich das Verhalten der übrigen Brennstoffe ähnlich ihrer Zündfähigkeit nach dem Anthrazit hin verschlechtert. Das mit wechselnder Betriebszeit sinkende Reduktions-

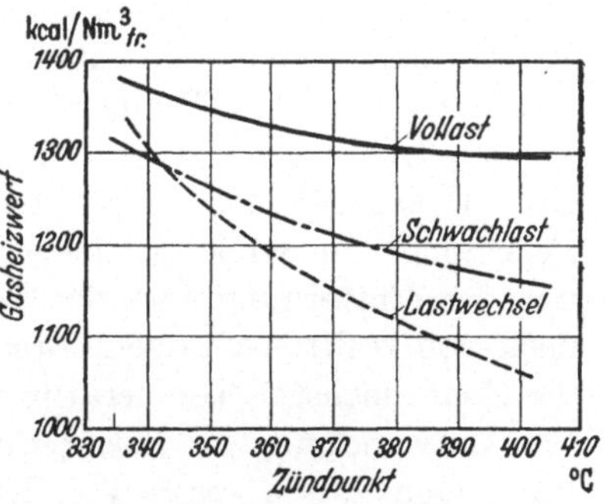

Abb. 3. Zusammenhang zwischen Zündpunkt (nach Bunte-Kölmel-Schroth) und Gasheizwert.

vermögen eines Brennstoffes macht sich bereits beim Holzgaserzeuger deutlich bemerkbar. Im allgemeinen muß die Holzkohle nach etwa 1500 bis 2000 km erneuert werden, da sich die Güte des Gases bzw.

---

[1] Z. VDI 1935 S. 1556.
[2] Feuerungstechn. 1940 S. 54.

die Motorleistung infolge der sinkenden Reduktionsfähigkeit und der gleichzeitig eintretenden Erhöhung des Unterdruckes durch den allmählichen Zerfall der stückigen Holzkohle merkbar verschlechtert.

Ähnliche Verhältnisse liegen beim Braunkohlenbrikett-Gaserzeuger vor. Bei zu langsamem Durchsatz durch die Glühzone steigt sowohl der Unterdruck an, gleichzeitig wird das Gas schlechter. Durch entsprechenden Rostaustrag während des Betriebs muß dafür gesorgt werden, daß immer ein Koks von genügender Reaktionsfähigkeit im Feuerschacht vorhanden ist, und daß der reaktionsträg gewordene Restbrennstoff am Rost ausgetragen wird.

Am nachteiligsten ist das Absinken der Reduktionsfähigkeit allgemein bei fossilen Brennstoffen. Dies tritt vielfach dann ein, wenn der Brennstoff auf bestimmte Temperaturen erhitzt wird. Dabei ver-

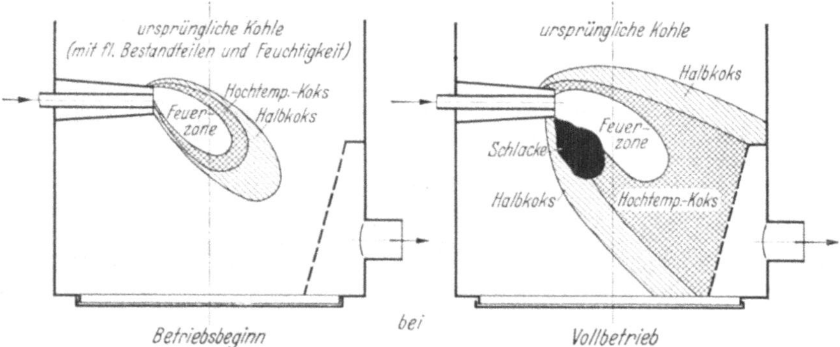

Abb. 4. Ausbreitung der Feuerzone unter gleichzeitiger Veränderung der Brennstoffbeschaffenheit.

wandelt sich dieser in Hochtemperaturkoks, der seine Reduktionsfähigkeit mit steigenden Temperaturen mehr und mehr einbüßt.

Den Übergang in Hochtemperaturkoks kann man sich nach der in Abb. 4[1] angegebenen Weise vorstellen. Bei Betriebsbeginn nimmt die Feuerzone nur einen geringen Raum ein. Die Temperaturen fallen mit der Entfernung von der Düse rasch ab und die Düse selbst ist noch von reaktionsfähigem Brennstoff umgeben. Allmählich wird sich die Zone höchster Temperatur mehr und mehr ausdehnen, wobei sich die Umwandlung in Hochtemperaturkoks auf einen immer größer werdenden Raum erstreckt. Damit sinkt die Reaktionsfähigkeit des Brennstoffes an der Düse und in der Feuerzone immer mehr, das Gas wird schlechter. Die Abb. 4 bezieht sich auf einen Gaserzeuger mit Querströmung (s. C 4), die Vorgänge in anderen Gaserzeugern verlaufen jedoch in derselben Weise.

Der Übergang in Hochtemperaturkoks hat zunächst ein langsames Absinken des Wasserstoffgehaltes zur Folge, während der CO-Gehalt ·

---

[1] Seberich: Brennstoff-Chem. 1936 S. 10.

nur in geringem Maße beeinflußt wird und meist etwas ansteigt (Abb. 5)[1].
Ein ähnliches Verhalten zeigen auch andere Brennstoffe.

Dieses Verhalten wird auch noch dadurch unterstützt, daß die
Brennstoffe unter der Einwirkung hoher Temperaturen allmählich die
noch vorhandenen flüchtigen Bestandteile verlieren. Zwischen diesen
und der Reaktionsfähigkeit besteht eine Beziehung, die von Gevers-
Orban an belgischen Kohlen untersucht wurde (Abb. 6)[2]. Daraus

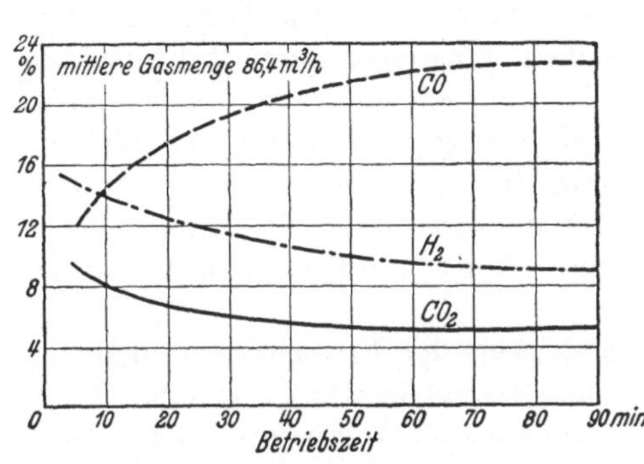

Abb. 5. Gaszusammensetzung von Anthrazitgas in Abhängigkeit von der Betriebszeit bei gleichbleibender Gaserzeugerbelastung.

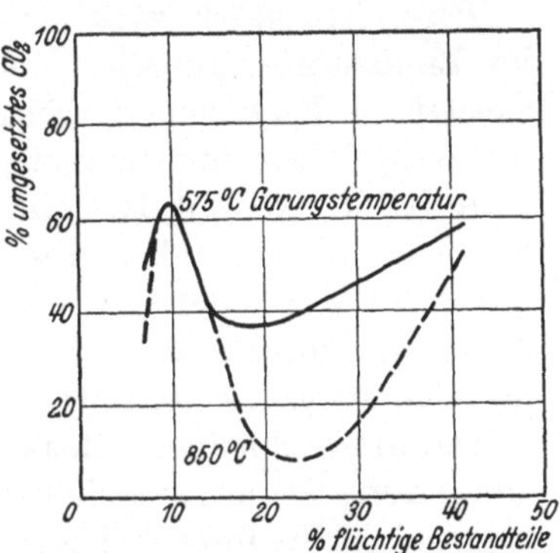

Abb. 6. Reaktionsfähigkeit belgischer Steinkohlenhalbkokse bei verschiedenen Garungstemperaturen.

ist ersichtlich, daß dieser Brennstoff bei einem bestimmten Gehalt an
flüchtigen Bestandteilen ein Größtmaß an Reaktionsfähigkeit besitzt,
das von der Garungstemperatur des Kokses abhängig ist.

Die Veränderung der Gaszusammensetzung bei gleichbleibender Gasentnahme in Abhängigkeit von der Betriebszeit wurde vom Verfasser
bereits mehrfach untersucht und veröffentlicht[3]. Denselben Einfluß
zeigt ein Fahrversuch, der von Seberich an einem Versuchsfahrzeug
des Kaiser-Wilhelm-Institutes für Kohlenforschung durchgeführt wurde.
Es handelte sich dabei um einen Gaserzeuger für Anthrazit, der ohne
Wasserzusatz arbeitete:

Fahrstrecke km	CO	H₂	CH₄	CO₂	N₂
10	24,9	15,9	2,1	1,7	55,4
54	26,4	11,8	2,3	2,8	56,5
198	27,8	7,4	1,8	2,7	60,2
218	29,1	7,1	0,8	2,4	60,8
246	30,5	4,1	0,5	3,1	61,8
254	29,9	3,2	0,3	2,7	63,8

[1] ATZ 1936, Heft 24 (Krupp-Anthrazit).
[2] Rev. univ. Mines 1934 S. 376.
[3] Kraftfahrtechn. Forschungshefte 1937 Heft 9.

Die anfängliche Güte des Gases ist die Folge der im Brennstoff in genügender Menge vorhandenen Feuchtigkeit und der beginnenden Entschwelung des Brennstoffes. Allmählich schreitet die Entgasung der in der Nähe des Feuerbettes befindlichen Brennstoffschichten weiter, so daß nach einer bestimmten Zeit in der Nähe der Feuerzone nur noch ein Brennstoff von der Art des Hochtemperaturkokses zur Verfügung steht, der eine Verschlechterung des Gases bewirkt.

Besonders stark wirkt sich die Abnahme der Reaktionsfähigkeit des Brennstoffes auf die Wasserstoffbildung aus. Die Menge des unzersetzt die Feuerzone durchströmenden Wasserdampfes wird im Laufe der Betriebszeit immer größer. Nach verschiedenen Untersuchungen kann dieser Nachteil dadurch gemildert werden, daß man den Wasserdampf in möglichst hochüberhitztem Zustand dem Feuerbett zuführt und dafür sorgt, daß der Brennstoff möglichst ohne Vorerhitzung der Brennzone zugeführt wird. Letzteres führt dann zu dem Verfahren der Querströmung (s. C 4).

Die unterschiedliche Reaktionsfähigkeit der Brennstoffe zwingt zur Anwendung verschieden hoher Temperaturen in der Feuerzone. Nach Angabe von Seberich liegen die günstigsten Temperaturen bei Holz und Holzkohle bei 900 bis 1000° C, während bei Braunkohlenprodukten Temperaturen von 1100 bis 1200° C genügen dürften. Bei Steinkohlenerzeugnissen ist jedoch erst bei einer Temperatur über 1400° C eine ausreichende Reaktionsfähigkeit zu erwarten. Versuche des Verfassers ergaben an einem kleinen Anthrazit-Gaserzeuger Temperaturen von über 1800° C im Feuerraum. Eine genaue Messung war nicht möglich, da der Meßbereich des Thermoelementes nur bis 1800° C reichte. Die Versuche mußten daher unterbrochen werden. Vermutlich dürfte die tatsächliche Temperatur in der Schachtmitte nahe an 2000° C betragen.

Wegen der Notwendigkeit, bei der Vergasung der einzelnen Brennstoffarten verschieden hohe Temperaturen zur Anwendung zu bringen, erscheint eine gleich gute Vergasung der verschiedenen Brennstoffe in einem und demselben Gaserzeuger ohne Änderung der Abmessungen unmöglich. Allerdings dürfte es gelingen, Gaserzeuger zu bauen, die unter Auswechslung einzelner Teile leicht auf andere Brennstoffarten umgestellt werden können.

3. Die Schwelgase bei teerhaltigen Brennstoffen.

Der Gehalt eines Brennstoffes an flüchtigen Bestandteilen (siehe Abschnitt B), unter denen die Kohlenwasserstoffverbindungen von besonderer Bedeutung sind, ist für die Vorgänge im Gaserzeuger und für die Wahl des Vergasungsverfahrens (s. Abschnitt C 4) von Wichtigkeit. Diese flüchtigen Bestandteile entweichen bei bestimmten Temperaturen aus dem Brennstoff in dampfförmigem Zustand und verflüssigen sich zum Teil bei der folgenden Abkühlung. Bei Temperaturen bis zu etwa 100° C findet zunächst eine Trocknung des Brennstoffes statt, da jeder Brennstoff eine bestimmte Feuchtigkeit besitzt. Nach Beendigung des Trocknungsvorganges treten bei weiterer Temperatursteigerung die übrigen flüchtigen Bestandteile aus dem Brennstoff aus. Diese bestehen in der Regel aus: Methan CH_4, schweren Kohlenwasserstoffen C_nH_m, freiem Wasserstoff H_2, Kohlenoxyd CO, Kohlendioxyd CO_2 und Sauerstoff $+$ Stickstoff $N_2 + O_2$. Dazu kommen noch andere Bestandteile wie Essigsäure und ähnliche Verbindungen, Schwefel, Ammoniak usw. Der mengenmäßige Gehalt an diesen Stoffen ist bei den verschiedenen Brennstoffsorten unterschiedlich und temperaturabhängig.

Die Entgasung der verschiedenen Brennstoffe ergibt folgendes[1]: Holz. Bei der Entgasung von Holz bleibt als Rückstand Holzkohle. Für die Entgasung von Kiefernholz liegen folgende Untersuchungen vor (siehe Tabelle 1).

Nach Ferdinand Fischer bestehen die entweichenden Gase anfangs im wesentlichen aus Kohlensäure, die bei steigenden Temperaturen zu

---

[1] Die folgenden Zahlenwerte entstammen größtenteils dem Buch: Fischer: Kraftgas 2. Aufl. Leipzig: Otto Spamer.

Tabelle 1.

Temperatur ° C		150—200	200—280	280—380	380—500	500—700	700—900
Kohlenstoff in der Kohle		60,0	68,0	78,0	84,0	89,0	91,0
Unkondensierbarer Teil der Schwelgase in Raumteilen	Kohlensäure	68,0	66,5	35,5	31,5	12,2	0,4
	Kohlenoxyd	30,5	30,0	20,5	12,3	24,5	9,6
	Wasserstoff	0,0	0,2	0,5	7,5	42,7	80,7
	Kohlenwasserstoff	2,0	3,3	36,5	48,7	20,4	8,7
Kondensierbare Bestandteile des Gases		Wasserdampf	Wasserdampf und Essigsäure	Essigsäure, Holzgeist und leichte Teere	große Mengen schwerer dickflüssiger Teere	dasselbe (paraffinhaltig)	fast gar keine Kondensate
Bemerkungen		Sehr wenig Gas; bedeutende Gewichtsabnahme im verkohlbaren Material		große Gasmengen, Gas brennt mit weißer Flamme		spärliche Gasmengen	nur sehr wenig Gas

CO reduziert wird. Bei Buchenholz ist der Gehalt an CO_2 etwas höher.

Aus 100 kg Holz erhält man beim Erhitzen auf 400° C:

34,8 kg Holzkohle (enthaltend 82,1% C; 4,1% H_2; 13,7% O_2)
24,9 kg Wasser
10,9 kg CO_2
 4,1 kg CO
 5,9 kg Essigsäure $CH_3CO(OH)$
 1,5 kg Methylalkohol CH_3OH
17,7 kg Teer.

Die Holzkohlenausbeute ist abhängig von der Verkohlungstemperatur und dem Druck und beträgt bei 1000° C und Atmosphärendruck 25% der Holztrockensubstanz.

Die kondensierbaren Teile der Schwelgase schlagen sich teilweise als Schwelkondensate zusammen mit dem Wasser an den kühleren Wandungen des Gaserzeugers nieder. Bei den meisten Holzgaserzeugern wird dies durch Einbau eines Zwischenraumes (Kondensator) begünstigt. Dort scheidet sich ein Schwelkondensat vermischt mit Holzteer nieder. Die Menge hängt von der Feuchtigkeit des Holzes ab. Messungen haben bei einer Holzfeuchtigkeit von 12% durchschnittlich 7 bis 8 l Kondensat/100 kg Buchenholz ergeben. Infolge seines Gehaltes an Essigsäure und anderen organischen Säuren (Ameisensäure u. a.), deren Menge aber zurücktritt, werden von dieser Flüssigkeit die Werkstoffe des Gaserzeugers stark angegriffen. Der Gehalt an Essigsäure im Kondensat beträgt nach Untersuchungen von Dr. Mörath:

bei Buchenholz . . . . . . 5,1 % Essigsäure
 „ Kiefernholz . . . . . . 1,21% „
 „ Fichtenholz . . . . . . 2,24% „

Gewöhnliches Eisenblech zeigt sich gegen diese Kondensate nicht widerstandsfähig. Auch haben sich die verschiedensten Schutzüberzüge nicht bewährt. Am günstigsten scheint sich ein Überzug nach dem Eloxalverfahren bewährt zu haben (nach Angaben von Westwaggon-Köln). Dieser Überzug besteht aus einer Aluminiumverbindung, die nach einem besonderen Verfahren auf das Grundmaterial aufgebracht wird. Eine schützende Wirkung besitzt auch der Teerüberzug, der sich im Laufe des Betriebes von selbst auf dem Grundwerkstoff bildet. Sobald jedoch der Gaserzeuger vollständig leergebrannt wird, schmilzt infolge der Einwirkung der strahlenden Glut des Feuers die Teerschicht ab, damit hört diese Schutzwirkung auf, so daß es sich im praktischen Betrieb empfiehlt, den Gaserzeuger niemals ganz leer zu brennen. Durch Beachtung dieses Umstandes konnte bei Versuchsgaserzeugern, deren Kondensatoreinsatz aus ungeschütztem Eisenblech hergestellt war, eine mehrjährige Lebensdauer erzielt werden.

Ein anschauliches Bild über den Verlauf der Entschwelung in einem Holzgaserzeuger gibt eine Untersuchung, die von Schläpfer und Tobler an der Technischen Hochschule Zürich durchgeführt wurde (Abb. 7). Danach ist der Schwelvorgang in der Gaserzeugermitte erst unmittelbar über der Feuerzone beendet.

Die Verkohlungsgeschwindigkeit ist nach Tobler[1] abhängig von der Holzart, der Temperatur, der Stückgröße und der Holzfeuchtigkeit. Bei einer Verkohlungstemperatur von 400° C ist die Verkohlungsgeschwindigkeit von Fichtenholz größer wie von Buchenholz bei einer Stückgröße von $2 \times 2 \times 2$ cm, während bei größeren Stücken die Verkohlungsgeschwindigkeit bei Fichtenholz kleiner als bei Buchenholz wird. Daraus geht deutlich die Unterlegenheit von Fichtenholz gegenüber Buchenholz hervor. Durch Verwendung kleinstückigen Fichtenholzes kann dieser Nachteil etwas gemildert werden. Außerdem nimmt die Verkohlungsgeschwindigkeit mit wachsender Holzfeuchtigkeit bei niedrigeren Temperaturen zu, während diese bei 400° C eher abnimmt. Die Versuchsergebnisse sind jedoch nicht ganz eindeutig.

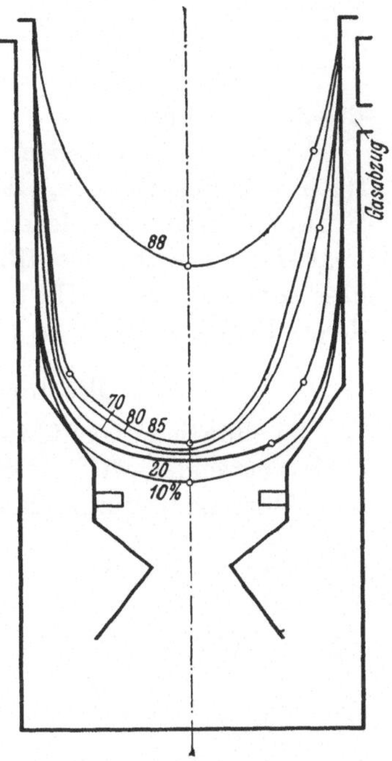

Abb. 7. Kurven gleichen Gehalts der Schachtfüllung an flüchtigen Bestandteilen (Imbert-Holzgaserzeuger).

Braunkohlenprodukte. Bei Braunkohlenbriketts ist die Zusammensetzung der Schwelgase ebenfalls abhängig von der Schweltemperatur. Im Mittel besitzen diese folgende Zusammensetzung:

Kohlensäure	10—20%	Wasserstoff	10—30%
Schwere Kohlenwasserstoffe	1—2 %	Sauerstoff	0— 3%
Kohlenoxyd	5—15%	Stickstoff	10—30%
Methan	10—25%	Schwefelwasserstoff	1— 3%

Im allgemeinen enthält auch der Braunkohlenschwelkoks noch geringe Mengen flüchtiger Bestandteile, die jedoch im praktischen Betrieb kaum ins Gewicht fallen.

Steinkohlenprodukte. Als Brennstoff kommt für Hochleistungs-Gaserzeuger im wesentlichen nur Anthrazit und Steinkohleschwelkoks in Betracht. Die Schwelgase von Anthrazit treten gegenüber dem Anteil bei anderen Brennstoffen mengenmäßig zurück. Die Zusammen-

---

[1] Tobler: Unters. über die Holzverkohlung, Juni 1940.

setzung der Schwelgase ist, abhängig von der Herkunft des Brennstoffes, im Mittel folgende:

Kohlensäure	0,60%	Wasserstoff	66,66%
Schwere Kohlenwasserstoffe	1,09%	Sauerstoff	1,22%
Kohlenoxyd	3,36%	Stickstoff	8,05%
Methan	19,00%		

Der Schwefelgehalt schwankt ebenfalls stark nach der Herkunft des Brennstoffes.

Auch der Steinkohlenschwelkoks enthält noch eine gewisse Menge flüchtiger Bestandteile, die ihrer Zusammensetzung nach erheblichen Schwankungen unterliegen.

Bei allen teerhaltigen Brennstoffen außer Holz enthalten die Schwelgase zum Teil noch recht erhebliche Mengen von Schwefelverbindungen, deren Entfernung große Schwierigkeiten verursacht (s. Abschnitt H).

4. Die Gasführung im Gaserzeuger.

Die einfachste Gasführung ist die, wie sie in jeder anderen Feuerung auch verwendet wird. Die Luft tritt im unteren Schachtteil durch eine Düse oder durch den Rost hindurch in das Schachtinnere ein,

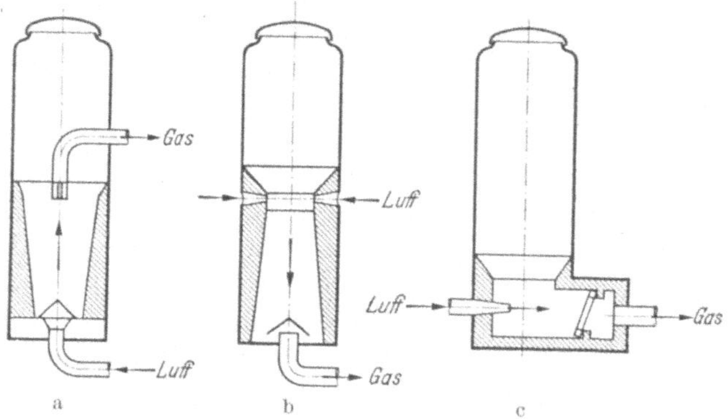

Abb. 8. Arbeitsverfahren von Gaserzeugern.

während das Gas in einer bestimmten Höhe abgezogen wird (Abb. 8a). Dieses Verfahren wird als **aufsteigende Vergasung** bezeichnet und kann überall dort verwendet werden, wo es sich um teerfreie Brennstoffe handelt. Die Feuerzone bildet sich stets an der Lufteintrittsstelle aus, in diesem Fall also im unteren Teil des Schachtes. Für teerhaltige Brennstoffe ist dieses Verfahren jedoch unbrauchbar. Da der Brennstoff von oben nach unten, also entgegengesetzt der Gasströmung, nachrutscht, spricht man bisweilen auch von Gegenstrom-Gaserzeugung. Ein Nachfüllen des Brennstoffes während des Betriebes ist ohne besondere Vorkehrungen (Doppelverschluß oder Zellenschleuse), die jedoch für den Fahrzeugbetrieb nicht in Betracht kommen, nicht möglich, da sonst von oben her Luft mit in die Gasabzugsleitung gesaugt werden würde.

Man kann die Luft auch in einer bestimmten Höhe durch Seiten- oder Mitteldüsen zuführen und das Gas unten absaugen. Auch hierbei wird sich die Feuerzone an der Lufteintrittsstelle ausbilden. Dies ist das Verfahren der absteigenden Vergasung (Abb. 8b), auch Gleichstromvergasung genannt, da der Brennstoff in der Strömungsrichtung der Gase nachrutscht. Diese Bauart findet in erster Linie für alle teerhaltigen Brennstoffe, also für alle solche, bei denen unter den flüchtigen Bestandteilen die schweren Kohlenwasserstoffe besonders ins Gewicht fallen, Anwendung. Die im oberen Teil des Gaserzeugers, also über der Feuerzone, sich bildenden Schwelgase werden erst an der Lufteintrittsstelle vorbei durch die Feuerzone hindurchgesaugt, wobei der größte Teil der Schwelgase mit dem Sauerstoff der Vergasungsluft zusammen verbrannt und der Rest in der Feuerzone in teerfreie Bestandteile zerlegt, d. h. aufgespalten wird. Die Wahl der Querschnitte und Gaswege muß so gewählt werden, daß mit Sicherheit bei allen Belastungen sich ein vollkommen teerfreies Gas ergibt. Die absteigende Vergasung empfiehlt sich im allgemeinen nur für teerhaltige Brennstoffe, da sie stets einen geringeren Gasheizwert ergibt als die aufsteigende Vergasung. Würden Kraftstoffe wie Anthrazit und Steinkohlenschwelkoks im absteigenden Gasstrom vergast, so würde der Brennstoff im Feuerbett mehr und mehr zerfallen und das Unterkorn in Verbindung mit der Schlackenablagerung den Feuerschacht nach einiger Zeit verstopfen.

Eine dritte Möglichkeit ist die der Querströmung (Abb. 8c). Die Luft tritt aus einer oder mehreren Düsen mit hoher Geschwindigkeit aus, wodurch sich eine eng begrenzte Zone sehr hoher Temperaturen in der Nähe der Düse ausbildet. Diese Temperaturen erreichen etwa 1800 bis 2000° C. Das Gas wird dann auf der der Düse entgegengesetzten Seite durch einen Rost hindurch oder durch ein Ablenkblech abgesaugt. Auch hier müssen zwar die sich über der Feuerzone bildenden Schwelgase durch die Feuerzone hindurch abgesaugt werden, sie kommen aber zum größten Teil nicht mit der Vergasungsluft in Berührung, können also nicht verbrennen. Da außerdem die Temperaturen mit zunehmender Entfernung von der Düsenmündung rasch abnehmen, kann infolge der zu kalten Randzone eine Aufspaltung der teerigen Bestandteile nur ganz unvollkommen eintreten, so daß sich die Querströmung nicht zur Vergasung teerhaltiger Brennstoffe eignet.

Beide Vergasungsverfahren, das absteigende und die Quervergasung, ermöglichen ohne besondere Einrichtungen ein Nachfüllen des Brennstoffes während des Betriebs, da beim Öffnen des Fülldeckels keine Luft in die Gasleitung direkt gelangen kann, die Maschine braucht also nicht abgestellt zu werden. Allerdings tritt dann meistens ein geringes Absinken der Leistung ein.

Wie bereits gezeigt, bilden sich bei vielen Brennstoffen über der Feuerzone Schwelgase, die zum Teil recht erhebliche Mengen teerbildende Kohlenwasserstoffe enthalten. Diese Teerdämpfe müssen unter allen Umständen aus dem Gase bereits im Gaserzeuger entfernt werden. Man erreicht dies mit Sicherheit dadurch, daß man eine Spaltung der Schwelgase durch Abzug durch die Feuerzone herbeiführt. Es muß heute als durchaus möglich bezeichnet werden, selbst die Teerdämpfe stark teerhaltiger Brennstoffe, wie z. B. Holz und Braunkohlenbrikett, restlos zu spalten. Zu beachten ist jedoch, daß die Querschnittsbemessung im Schacht so erfolgt, daß die Temperatur an jeder Stelle des Schachtquerschnittes bei allen Belastungen zur Spaltung der Teerdämpfe ausreicht. Um dies zu erreichen, sieht man in oder kurz hinter der Brennzone eine Verengung des Querschnittes vor.

Alle teerhaltigen Brennstoffe, also Holz, Torf und Braunkohlenbrikett enthalten von vornherein genügend Wasser, so daß sich hier grundsätzlich jeder weitere Wasserzusatz erübrigt. Anders jedoch die teerfreien bzw. teerarmen Brennstoffe. Diese werden entweder im nassen Vergasungsverfahren bei aufsteigender Vergasung vergast, wobei zur Gewinnung eines für die motorische Verbrennung geeigneten Mischgases ein Zusatz von Wasserdampf gegeben wird. Die Wasserdampfmenge beträgt gewichtsmäßig etwa 40 bis 60% der verbrannten Brennstoffmengen. Ein Teil des Wasserdampfes wird dabei aufgespalten, so daß man ein sehr wasserstoffreiches Gas erhält (s. C 7). Ein anderer Teil hat die Aufgabe, die Feuertemperaturen zu senken und die Bildung von Schlackenkuchen zu vermeiden. Die Schlacke fällt dann zum großen Teil in granulierter Form an und kann durch Rütteln des Rostes wenigstens teilweise ausgetragen werden. Soll der Wasserdampf seine Aufgabe erfüllen, so muß er mengenmäßig die angegebenen Werte erreichen. Der größte Teil davon wird mit dem Gas zusammen abgezogen und muß in den Gaskühlern wieder niedergeschlagen werden. Er stellt somit eine zusätzliche Belastung der Feuerzone und der Gasreiniger dar.

Bei Anwendung des Querstromverfahrens wird der trockenen Vergasung der Vorzug gegeben. Die Feuertemperaturen sind daher wesentlich höhere. Zwischen beiden Verfahren steht das halbnasse (s. Abschnitt C 7 und G). Dort wird nur eine Wassermenge von 15 bis 20% der durchgesetzten Brennstoffmenge als hochüberhitzter Dampf zugegeben und dabei auf hohen Feuertemperaturen gefahren. Bei entsprechender Anordnung kann dabei ebenfalls die Bildung von Schlackenkuchen vermieden werden.

5. Die Verbrennungsrückstände und ihre Beseitigung.

Die Beschaffenheit und Menge der Verbrennungsrückstände wechselt je nach der Art des verwendeten Brennstoffes. Im Mittel können folgende Aschengehalte angegeben werden, die nach Herkunft und Aufbereitung des Brennstoffes gewissen Schwankungen unterworfen sind:

Weichholz . 0,4—0,7% Asche	Steinkohlenschwelkoks. . . .	8—12% Asche
Hartholz . 0,6—1 % „	Deutscher Anthrazit.	4— 9% „
Holzkohle . 0,8—1,4% „	Braunkohlenbriketts.	3—12% „
Torfkoks . 3 —4 % „	Braunkohlenschwelkoks . . .	10—24% „

Die Beseitigung dieser Rückstände macht bisweilen erhebliche Schwierigkeiten, besonders bei solchen Brennstoffen, die zur Gasbildung höhere Temperaturen erfordern.

Bei **Holz** und **Holzkohle** ist infolge der kleinen Aschemengen die Aufgabe leicht zu lösen. Hier fällt die Asche staubförmig an, wird zum Teil mit dem Gas fortgerissen und muß nachher in den Reinigern ausgeschieden werden. Manche Bauarten von Holzgaserzeugern verzichten daher ganz auf den Einbau eines Rostes, die Asche wird bei der in gewissen Zeitabständen notwendigen Neufüllung des ganzen Gaserzeugers entfernt. Bei Holzgaserzeugung findet man im unteren Teil noch leicht zusammengebackene Rückstände, die aus Pottasche, vermischt mit Asche und Holzkohlenstaub, bestehen. Diese Rückstände sind aber im Gegensatz zu anderen Brennstoffen sehr weich und können leicht zerrieben werden. Die Holzkohle bildet daneben größere Mengen feinkörnigen Staubes, der einesteils dadurch, daß die Holzkohle unter dem Einfluß der Temperaturen im Feuerraum langsam zerfällt, andernteils durch den natürlichen Abrieb, besonders im Fahrzeugbetrieb, entsteht. Dieser Holzkohlenstaub vergrößert allmählich den Unterdruck im Gaserzeuger, der bei Fehlen eines Rostes bereits nach 20 bis 50 Betriebsstunden auf das 2- bis 3fache gegenüber den Werten unmittelbar nach der Neufüllung ansteigt. Versuche haben gezeigt, daß diese Erhöhung des Unterdruckes durch Einbau eines Rippenrostes, wenn auch nicht ganz vermieden, so doch wenigstens erheblich vermindert werden kann. Man ist daher heute dazu übergegangen, alle Holzgaserzeuger mit einem Rost zu versehen. Neben der Asche wird durch den Rost noch ein Teil der zerfallenen Holzkohle (staubförmige Holzkohle) ausgetragen und das Feuerbett gereinigt. Anwendung finden sowohl Drehroste als auch Rippenroste.

Wie bereits erwähnt, erfordern Holzgaserzeuger im allgemeinen nach 1500 bis 2000 Fahrtkilometern oder nach etwa 50 Betriebsstunden eine vollständige Entleerung und Neufüllung auch der Holzkohle, manche Gaserzeuger können zwischen zwei Neufüllungen etwas größere Fahrtstrecken zurücklegen. Dies hängt außer von der Bauart besonders von dem verwendeten Holz ab. Gesplittertes Hackholz verlangt eine häufige Entleerung des Gaserzeugers, danach kommt Weichholz, während bei stückigem Hartholz die Reinigungszeiten am kleinsten sind.

Der Unterdruck im Gaserzeuger besitzt bei regelmäßiger täglicher Reinigung praktisch gleichbleibende Werte. Es soll jedoch darauf hingewiesen werden, daß eine allzu häufige Betätigung des Rostes vermieden werden muß, da sonst zu viel Holzkohle auf einmal nach unten abgezogen wird und der Holzkohlespiegel unter die Luftzutrittstellen sinkt, wobei das Holz unter Umständen bis in den engsten Herdquerschnitt nachrutscht. Dies bewirkt zunächst eine wesentliche Erhöhung der Anblasezeiten, außerdem gelangen Teerdämpfe unzersetzt in das Gas und geben zu Betriebsstörungen Anlaß.

Bei Holzkohle werden entweder feste oder rüttelbare Roste verwendet. Da diese Gaserzeuger meist mit aufsteigender Vergasung arbeiten und die geringen Aschenmengen zum Teil mitgerissen und in den Reinigern ausgeschieden werden, kommt dem Rost keine besondere Bedeutung zu. Wird jedoch auch hier zur absteigenden Vergasung übergegangen, so empfiehlt sich der Einbau eines Rüttelrostes, um den Gasweg leichter frei halten zu können.

Ähnlich wie Holzkohlen verhält sich **Torfkoks.** Hier fällt die Asche in flockiger Form an und läßt sich leicht entfernen. Infolge des im Torfkoks enthaltenen Schwefels beträgt der Schwefelgehalt der Asche 0,2% neben einem Phosphorgehalt von 0,05%, bezogen auf das ursprüngliche Brennstoffgewicht.

Der Aschegehalt aller auf **Stein-** und **Braunkohlen**grundlage beruhenden fossilen Brennstoffe ist je nach Herkunft sehr verschieden. Die Vergasung aschereicher Brennstoffe in Hochleistungs-Gaserzeugern macht große Schwierigkeiten, weshalb der Aschegehalt begrenzt werden muß. Er sollte bei

Anthrazit und Steinkohlenschwelkoks . . 4—5 (bis 8)%
Braunkohlenbrikett und Braunkohlenschwelkoks 7—12%

nicht übersteigen. Auch die Zusammensetzung der Asche und ihr Schmelzverhalten wechselt stark. Dafür können folgende Grenzpunkte angegeben werden:

Zusammensetzung und Verhalten verschiedener Aschen:

	SiO_2	Al_2O_3	Fe_2O_3	CaO	MgO	SO_3
Steinkohlenbasis:	12—53	8—30	18—56	2—9	0—1,5	1—12
Braunkohlenbasis:	2—60	1—31	0,5—35	4—42	1—5	1—46

	Erweichungspunkt	Schmelzpunkt
Steinkohlenbasis:	1000—1250°	1100—1300°
Braunkohlenbasis:	1200—1300°	1300—1350°

Der Ascheschmelzpunkt hängt von der Aschenzusammensetzung ab. Er wächst mit dem Anteil der sauren Bestandteile (SiO_2 und Al_2O_3) gegenüber den basischen (Fe_2O_3, CaO und MgO), ferner wenn die Asche viel CaO und MgO enthält, und wenn der Al_2O_3-Anteil gegenüber SiO_2 überwiegt.

Gegenüber Brennstoffen auf Steinkohlenbasis liegen die Aschenschmelzpunkte bei Braunkohlen durchweg höher. Dies ist im wesentlichen bedingt durch den hohen Kalkgehalt und den niederen Siliziumgehalt der Asche. Daher ist im allgemeinen der Schlackenanfall bei Braunkohlengaserzeugern geringer als bei anderen fossilen Brennstoffen. Die geringste Verschlackungsneigung zeigt rheinische Braunkohle, während sich die ostelbische ein wenig ungünstiger verhält. Am meisten neigen die sudetenländischen und ostmärkischen Braunkohlen zum Schlacken. Bei allen Brennstoffen hängt jedoch die Schlackenbildung außer von der Aschezusammensetzung insbesondere von der Betriebsweise des Gaserzeugers und in geringem Maße von der Bauart ab. Im Langstreckenbetrieb ist die Verschlackung am geringsten und ist in diesem Falle bei rheinischen Briketts gleich Null, während im Kurzstreckenbetrieb mit vielen Unterbrechungen und Leerlaufzeiten alle Brennstoffe mehr oder weniger zur Schlackenbildung neigen. Die Braunkohlengeneratoren müssen daher eine gute Entschlackungsmöglichkeit besitzen. Vor allem ist anzustreben, daß der Bau des Gaserzeugers eine Entfernung der Schlacke ohne eine Entleerung des Füllschachtes und möglichst bei betriebswarmem Gaserzeuger ermöglicht. Die Feuerraumtemperaturen sind derzeitig bei den Braunkohlengaserzeugern nicht einheitlich. Eine Bauart arbeitet mit niederen Lufteintrittsgeschwindigkeiten von 1,6 bis 1,8 m/sec und Spitzentemperaturen von 1000 bis 1050° C. Dadurch wird zwar die Schlackenbildung nahezu ganz unterbunden, jedoch wird der Gaserzeuger infolge langsam verlaufender Ausschwelung des über der Feuerzone liegenden Brennstoffes empfindlicher gegen Überlastungen, auch solche vorübergehender Art. Außerdem dauert das Anblasen aus dem kalten Zustand länger. Die übrigen Braunkohlengaserzeuger arbeiten mit Lufteintrittsgeschwindigkeiten von 30 bis 40 m/sec und Spitzentemperaturen von 1350 bis 1450° C, die demnach in der Nähe des Ascheschmelzpunktes liegen. Die Tatsache, daß sich im Langstreckenbetrieb trotzdem keine Schlackenkuchen oder nur solche mäßiger Größe bilden, muß man sich dadurch erklären, daß die Schlackentröpfchen infolge der hohen Lufteintrittsgeschwindigkeit zerrissen und dadurch am Zusammenbacken gehindert werden. Dies ist jedoch nur bei leicht flüssigen Schlacken der Fall, während streng flüssige mehr oder weniger zusammenbacken. Die Schlacke fällt daher im ersten Fall in granulierter Form an und stört den Gang des Gaserzeugers nicht. Bei häufigen Betriebsunterbrechungen sintert jedoch die Schlacke mehr und mehr zusammen, so daß man dann einen zusammenhängenden Kuchen erhält, der von Zeit zu Zeit abgezogen werden muß.

Da die Temperaturen in einem Hochleistungs-Gaserzeuger für Anthrazit und Steinkohlenschwelkoks stets über dem Ascheschmelzpunkt liegen, so wird die Asche zu Schlacke zusammensintern. Am stärksten ist die Schlackenbildung bei dem nach dem trockenen Vergasungsverfahren arbeitenden Querstromgaserzeuger.

Beim trockenen Querstromgaserzeuger, der mit Temperaturen von 1800° C und darüber arbeitet, legt sich die Schlacke als Kuchen um die Düsenmündung herum an und muß in gewissen Abständen durch die Düse hindurch abgestoßen bzw. durch Entleeren des Feuerraums abgezogen werden. Bei dem nassen Vergasungsverfahren wird die Schlacke, ehe sie zu einem Kuchen zusammensintert, durch den zugesetzten Wasserdampf aufgesprengt und kann zum Teil in granulierter Form durch den Rost hindurch abgezogen werden. Der größte Teil der Asche wird jedoch trotzdem, vor allem in den Ecken und am Mauerwerk verschlacken und muß innerhalb bestimmter Zwischenräume durch Entleeren des Feuerherdes entfernt werden.

Die Vergasung besonders aschereicher Brennstoffe verlangt besondere Maßnahmen zur leichten Entfernung der Schlacke ohne Entleerung des Füllschachtes entweder durch Abziehen der Schlacke während einer Betriebspause oder durch eine mechanische Austragung mittels eines Drehrostes, ähnlich der bei ortsfesten Gaserzeugern üblichen Ausführung. Diesem Drehrost fällt dann erstens die Aufgabe zu, die Schlacke zu brechen und zweitens diese auszutragen. Da zum Brechen der Schlacke größere mechanische Kräfte notwendig sind, bedingt eine derartige Ausführung eine nicht unerhebliche Gewichtsvermehrung.

Neuerdings versucht man bei aschereichem Sudetenschwelkoks (Brüx) die Schlackenbildung durch eine weitere Steigerung des Wasserdampfzusatzes zu verhindern. Genügende Betriebserfahrungen liegen jedoch noch nicht vor.

6. Die Werkstoffe.

Die Beherrschung der hohen Temperaturen im Feuerraum stellt an die Werkstoffe sehr hohe Anforderungen und macht gewisse Schwierigkeiten, die nicht nur durch die Auswahl der Werkstoffe, sondern auch von ihrer Verarbeitung und dem allgemeinen Aufbau der Gaserzeugerteile bedingt sind.

Bei der Mehrzahl der Gaserzeuger ist der Feuerraum mit einer feuerfesten keramischen Auskleidung versehen, die besonders im Fahrzeugbetrieb gleichzeitig hohen mechanischen Beanspruchungen ausgesetzt ist. Für diese Auskleidung verwendet man in der Regel Formsteine oder auch für die weniger hoch beanspruchten Teile des Feuerschachtes eine feuerfeste Masse aus Stampfbeton, wie sie auch für die Auskleidung von Kesselfeuerungen und Öfen gebräuchlich ist. Bei schlackenhaltigen Brennstoffen muß die Auswahl der Auskleidung und der Bindemittel der Zusammensetzung der Schlacke angepaßt sein, die bei den meisten fossilen Brennstoffen mehr oder weniger stark sauer reagiert, zum Unterschied von Holz und Holzkohle, die eine alkalische Asche ergeben.

Bei der Auswahl des Grundwerkstoffes für eine feuerfeste Auskleidung muß außerdem die Temperatur in der Feuerzone neben der Zusammensetzung der Asche berücksichtigt werden. Außerdem muß die Auskleidung den mechanischen Erschütterungen im Fahrzeug gewachsen sein. Besonders bei fossilen Brennstoffen neigen die Schlacken in Verbindung mit der hohen Temperatur zum Anbacken an der Auskleidung. Beim Entfernen der Schlackenansätze kann man regelmäßig feststellen, daß die Schlacke auf eine bestimmte Tiefe vollständig mit dem Mauerwerk zusammengesintert ist. Man hat es hier mit einem Lösungsvorgang der mehr oder weniger flüssig gewordenen Schlacke in der Auskleidung zu tun. Das Auflösungsvermögen hängt von dem Grade der Schlackenverflüssigung, also von der Temperatur und von der Porosität des Materials ab. Als Maß für die Porosität kann das spezifische Gewicht der Auskleidung dienen. Je höher dieses ist, desto geringer ist die Löslichkeit.

Weiter wird die Löslichkeit begünstigt durch ungleichmäßige Zusammensetzung des Materials. Vor allem sind die mit Mörtel ausgekleideten Fugen gefährdet, wenn zwischen dem Mörtel und der Auskleidung größere Unterschiede in dem Gehalt an Al_2O_3 (Tonerde) bestehen. Außerdem ist der Gehalt der Schlacken an Fe_2O_3 (Eisenoxyd) von großem Einfluß. Danach hat vor allem die Auswahl des feuerfesten Werkstoffs zu erfolgen. Für Schlacken mit einem Eisenoxydgehalt unter 30% können bis 1300 bis 1350° C sowohl Korund (64% Al_2O_3) als auch Schamottesteine (40% Al_2O_3) verwendet werden[1]. Für höhere Temperaturen sind Silikasteine anzuwenden. Liegt der Eisenoxydgehalt über 30%, so ist der Korundstein bei Temperaturen unter 1250° C dem Schamottestein unterlegen. Auch hier empfiehlt sich bei höheren Temperaturen der Silikastein. Infolge des überwiegenden Einflusses des Fe_2O_3-Gehaltes der Schlacke auf die Löslichkeit der Auskleidung empfiehlt es sich, nur solche Brennstoffe auszuwählen, deren Fe_2O_3-Gehalt der Asche nicht allzu hoch liegt.

Bei Temperaturen von 1000 bis 1400° C bildet sich in der reduzierenden Atmosphäre des Gaserzeugers bei stark schwefelhaltigen Brennstoffen Siliziumsulfid SiS, eine klebrige Substanz, die zum Anbacken am Mauerwerk neigt[2]. Begünstigt wird dieser Vorgang mit wachsendem Pyritgehalt der Asche. Die Bildung von SiS kann man durch Zusatz von Wasserdampf in der Feuerzone verhindern. In diesem

---

[1] Nach Fehling: Feuerungstechn. 1938 S. 65.
[2] Lessing: Feuerungstechn. 1940 S. 149.

Falle wird das SiS in Kieselsäure umgewandelt und das Anbacken verhindert.

Allgemein muß, um ein Anbacken der Schlacke an der Auskleidung zu verhindern, dafür gesorgt werden, daß die Wandungstemperaturen der Auskleidung unter dem Erweichungspunkt bleiben. Dies erreicht man dadurch, daß man durch Wahl der entsprechenden Wandstärken oder z. B. durch zweckmäßigen Einbau von Halteeisen für eine ausreichende Wärmeableitung sorgt. Meist geht dies jedoch auf Kosten der Gasqualität, weshalb man nicht zu weit gehen darf.

Bei der feuerfesten Auskleidung für aschearme Brennstoffe, insbesondere Holz und Holzkohle, spielt das Schlackenproblem keine Rolle. Diese Auskleidungen müssen nur bei den vorhandenen Temperaturen (1200° C) eine genügende mechanische und Wärmebeständigkeit aufweisen.

Gewisse Gaserzeugerbauarten verzichten überhaupt auf eine Auskleidung und verwenden metallische Feuerkörbe aus Sonderlegierungen oder suchen die Wandungen durch eine größere Brennstoffschicht, die an der Umsetzung nur in geringstem Maße teilnimmt, dem Einfluß der hohen Temperaturen zu entziehen. Der Verzicht auf die Auskleidung verringert neben dem Gewicht des Gaserzeugers auch die Anblasedauer bei der Inbetriebsetzung, erhöht aber auch die Wärmeverluste, wenn nicht durch entsprechende Isolation der Wärmedurchgang verringert wird.

Besonders bei den Holzgaserzeugern sind metallische Feuerherde, die keinerlei Auskleidung besitzen, vielfach in Anwendung. Bei der Bauart Imbert liegen in dieser Hinsicht die längsten Betriebserfahrungen vor. Bei dieser Bauart bestehen die unteren Herdstutzen an der Einschnürung aus einer hochhitzebeständigen Sonderlegierung, die mit dem oberen Teil des Feuerherdes aus Eisenblech verschweißt ist. Für diese Sonderlegierung verwendet man Chromnickel- oder auch reinen Chromguß. Der erstere ist zwar im allgemeinen hitzebeständiger, läßt sich aber bei den vorliegenden hohen Nickelgehalten (bis zu 60% Ni) schwer vergießen. Man ist daher in Deutschland vielfach zum Chromguß (mit etwa 25% Cr und ganz geringen Mengen Ni) übergegangen, der neben einer leichteren Vergießbarkeit auch noch billiger ist. Nachteilig zeigte sich diese Chromlegierung im Betrieb insofern, als sie allmählich sehr spröde und hart wird, so daß innere Spannungen leicht zu Rißbildungen führen können. Derartige Rißbildungen treten besonders leicht in der Einschnürung auf, gleichzeitig bewirken diese Spannungen ein starkes Verziehen der Herdstutzen. Untersuchungen, die an der Technischen Hochschule in Zürich[1] durchgeführt werden, haben er-

---

[1] Siehe Schläpfer und Tobler, Bericht Nr. 3, Theoretische und praktische Untersuchungen über den Betrieb mit Holzgas. Bern: Büchler 1937.

geben, daß an den Rißstellen eines Herdes aus Chromguß (Pyrodur) im Betrieb eine starke Aufkohlung des Materials stattgefunden hat und eine Steigerung der Härte, teilweise bis auf das Doppelte des ursprünglichen Wertes, im Gefolge hatte. Eine derartige Aufkohlung konnte bei stark nickelhaltigen Werkstoffen nicht beobachtet werden.

Nach Schläpfer ist also die Rißbildung in erster Linie auf die veränderliche Zusammensetzung des Herdwerkstoffes zurückzuführen. Dazu kommt infolge der gießtechnisch schwierig zu beherrschenden Form des Herdstutzens die Neigung zur Bildung von Lunkerstellen, die besonders in der Einschnürung sich zeigen und häufig als Ursachen der Rißbildung erkannt werden konnten. Um die Lunkerbildung zu verhindern, soll nach Schläpfer die Einschnürung mit einem Mindestradius von 40 mm ausgeführt werden. Öfters konnten auch ungleiche Wandstärken infolge von Gußfehlern (Verschieben der Form) als Ursache einer vorzeitigen Zerstörung des Herdes festgestellt werden.

Die Haltbarkeit eines Herdes kann auch durch entsprechende konstruktive Formgebung verbessert werden, die einen spannungslosen Guß ermöglicht und ein Verziehen des Herdes durch einseitige Wärmebeanspruchung, wie sie durch eine ungleiche Gasströmung eintreten kann, vermeidet. Wiederholt konnte die Beobachtung gemacht werden, daß Hand in Hand mit einer Rißbildung ein starkes Verziehen des Herdes eintrat. Dieses Verziehen kann seine Ursache entweder in inneren Spannungen im Werkstoff haben oder vielfach in einer einseitigen Gasströmung. Letzteres kann dann leicht eintreten, wenn das Gas an einer Stelle abgesaugt wird und die Absaugestelle zu nahe am Herdstutzen liegt. Humboldt-Deutz verwendet daher 2 Absaugestellen, die einander gegenüberliegen.

Nach den vorliegenden Ergebnissen kann mit einer Lebensdauer des metallischen Feuerherdes bei Holzgaserzeugern von etwa 30 000 Fahrtkilometern gerechnet werden. Dabei ist jedoch eine schonende Behandlung Voraussetzung. Dazu gehört vor allem, daß der Gaserzeuger nicht zu weit leergebrannt wird, da sonst infolge Fehlens genügender Wasserdampfmengen eine starke Temperaturerhöhung in der Feuerzone eintritt. Es empfiehlt sich vielmehr stets, den Gaserzeuger nachzufüllen, wenn er erst zu drei Viertel leergebrannt ist. Außerdem müssen schroffe Abkühlungen, wie sie beim Öffnen der Reinigungsluken bei heißem Gaserzeuger entstehen können, vermieden werden.

Es ist nicht ausgeschlossen, daß das Herdmaterial bei Holzgaserzeugern infolge katalytischer Wirkung die Zusammensetzung des Gases und besonders die Ausscheidung von Ruß beeinflußt. Für den Gang eines Gaserzeugers ist dies jedoch sicher von untergeordneter Bedeutung, auch liegen Untersuchungen in dieser Hinsicht nur spärlich vor.

Neben den hohen Wärmebeanspruchungen der Bauteile in der Feuerzone sind andere Teile der Holzgaserzeuger dem chemischen Angriff durch Säuren und Laugen ausgesetzt. Ganz besonders nachteilig verhalten sich hierbei die Schwelerzeugnisse von Holz, die sich im oberen Teil des Gaserzeugers bilden und stark sauer reagieren (s. Abschnitt C 3). Diese Kondensate enthalten 2 bis 10% freie organische Säuren, unter denen in erster Linie die Essigsäure zerstörend auf die Werkstoffe einwirkt. Diese zerstörende Wirkung beginnt stets dort, wo der Taupunkt der Schwelprodukte unterschritten wird, wo sich also die Schwelprodukte an den kalten Wandungen in flüssiger Form niederschlagen. Eine ganz besonders geringe Widerstandsfähigkeit gegenüber diesen Säuren zeigt Eisenblech, dessen Haltbarkeit auch nicht durch bloßes Heraufsetzen der Wandstärke in ausreichendem Maße gesteigert werden kann.

Naheliegend war daher, die Gaserzeugerwandungen von Holzgaserzeugern durch einen nichtmetallischen Schutzüberzug dem Angriff der Säure zu entziehen. Für normale Temperaturen gibt es eine Reihe von Anstreichmitteln, die genügend widerstandsfähig sind. Bei hohen Temperaturen, insbesondere bei einem vollständigen Leerbrennen der Füllung, wobei die Wandungen der strahlenden Hitze des Feuers ausgesetzt sind, versagen jedoch diese Anstreichmittel.

Auch hat man versucht, die oberen Wandungen der Holzgaserzeuger mit einem Schutzüberzug aus Emaille zu versehen, die jedoch eine so geringe Widerstandsfähigkeit gegenüber mechanischen Beanspruchungen (Formänderung der Bleche) hatte, daß häufig kleine Beschädigungen teilweise bereits beim Zusammenbau des Generators auftraten, so daß das Grundmaterial dem Angriff der Säuren ausgesetzt war und zerstört wurde.

Eine ausreichende Widerstandsfähigkeit gegenüber diesen Säuren zeigt Kupfer. Dabei bildet sich unter der Einwirkung der Essigsäure auf der Oberfläche des Kupfers eine Schicht aus Kupferazetat, die fest auf der metallischen Grundlage haftet und durch ihre Dichtigkeit die zerstörende Wirkung der Essigsäure unterbindet.

Man hat zwecks Ersparnis von Kupfer versucht, über die Eisenblechteile lediglich ein dünnes Kupferblech von 0,5 mm Wandstärke zu ziehen und dieses mit dem Blech an den Enden hart zu verlöten. Diese Schutzüberzüge können jedoch leicht durch Stoß und Druck beim Einfüllen des Brennstoffes und beim Stochern beschädigt werden, so daß eine gewisse Vorsicht beim Bedienen verlangt werden muß. Einer Herstellung der ganzen Teile aus Kupferblech (Oberteil des Gaserzeugers und Kondensatoreinsatz) stehen Beschaffungsschwierigkeiten im Wege, außerdem müßte das Kupferblech infolge der auftretenden mechanischen Beanspruchungen mit größerer Wandstärke als das Eisenblech ausgeführt werden.

Eine elektrolytische Verkupferung des Eisenblechs hat versagt, da es nicht gelungen ist, die Kupferschicht so dicht zu bekommen, daß der Säure der Weg zum Grundmetall versperrt werden konnte. Ebensowenig hatte eine Verkupferung durch Aufspritzen aus denselben Gründen Erfolg. Durch die Anwesenheit zweier Metalle und einer Säure werden sogar die Zersetzungen beschleunigt. Auch die Verwendung kupferplattierter Eisenbleche, bei denen die Kupferschicht fest auf das Eisen aufgewalzt ist, scheiterte an der geringen Widerstandskraft der Schweißnähte.

Nach eingegangenen Mitteilungen scheint sich eloxiertes Aluminiumblech recht gut zu bewähren. Bereits auf der Versuchsfahrt 1935 wurden Aluminiumkondensatoren verwendet, die keine Beanstandungen ergeben haben. Es konnten bereits Fahrtleistungen von über 30000 km bei einer Betriebsdauer von über 8 Monaten erzielt werden. Aluminium bietet ferner noch die Möglichkeit einer Gewichtsersparnis, die für die ortsbeweglichen Anlagen von Vorteil ist.

In neuester Zeit sucht man die metallische Auskleidung des Füllschachtes zwecks Einsparung von Sparwerkstoffen wieder durch einen dünnen Emailleüberzug zu versehen, ein Verfahren, das bereits vor einer Reihe von Jahren angewendet wurde.

Am widerstandsfähigsten hat sich V 2 A-Stahlblech gezeigt, das im Auslande, besonders in der Schweiz, vorwiegend zum Bau von Holzgaserzeugern verwendet wird, aber die Gaserzeuger verteuert. Aus diesem Werkstoff werden die Oberteile der Gaserzeuger, ferner die Kondensatoreinsätze und der obere Teil des Feuerherdes, soweit noch mit einer Kondensation zu rechnen ist, hergestellt.

Bei Verwendung von fossilen Brennstoffen kann der Mantel des Gaserzeugers aus gewöhnlichem Eisenblech bestehen. Im Betrieb treten lediglich Abzunderungen durch Rostbildung auf, die sich aber in erträglichen Grenzen halten. Auch die Reiniger und Gasleitungen unterliegen dem zerstörenden Einfluß der bei der fortschreitenden Abkühlung des Gases sich ausscheidenden Flüssigkeitsmengen. Diese Kondensate reagieren bei Verwendung von Holz und Holzkohle sowie Braunkohlenbrikett, soweit diese schwefelarm sind, im Unterschied zu den Schwelkondensaten alkalisch und enthalten größere Mengen Ammoniak. Dadurch werden die Eisenbleche angegriffen, so daß innerhalb gewisser Zeitabstände eine Erneuerung dieser Teile erforderlich wird. Diese Abnützungen halten sich jedoch in erträglichen Grenzen, so daß bis jetzt keine Veranlassung bestand, das gewöhnliche Eisenblech durch widerstandsfähigeres Material zu ersetzen. Eine Verwendung von Messingblech zur Herstellung der Gaskühler (Vorsatzkühler) ist zu vermeiden, da Messing weniger widerstandsfähig ist als z. B. Eisen.

Bei Verwendung von den anderen fossilen Brennstoffen reagiert jedoch das Kondensat sauer infolge der sich bildenden schwefligen

Säure. Dadurch werden die Leitungen und Reiniger in stärkerem Maße angegriffen, als bei Holz und Holzkohle. Es entstehen in den Rohrleitungen recht erhebliche Abzunderungen, wobei die Gefahr besteht, daß nach mehrtägigen Betriebsunterbrechungen Zunderteile in den Motor mitgerissen werden. Besonders die Drosselklappen werden durch die chemischen Verunreinigungen stark in Mitleidenschaft gezogen. Hier sind es vor allem die Siliziumsulfide, die bei Anwesenheit von Sauerstoff oder Wasser leicht zerfallen. Dadurch bilden sich in den Rohrleitungen kieselsäurereiche Niederschläge (Überzüge), die die Rohre allmählich zersetzen. Für eine Reinigungsmöglichkeit ist daher Sorge zu tragen. Man hat auch bereits versucht, die Rohrleitungen und Reiniger mit einem säurebeständigen Schutzüberzug zu versehen. Erfahrungen liegen jedoch zur Zeit noch nicht in ausreichendem Maße vor. Es empfiehlt sich, keine dünnwandigen Blechrohre für die Gasleitungen zu verwenden, sondern Siederohre, die zwar das Gewicht der Anlage erhöhen, aber eine weit höhere Lebensdauer besitzen als die dünnwandigen Blechrohre, die nach etwa 1 Jahr, besonders in den Bogenstücken, erneuert werden müssen.

Bei den fossilen Brennstoffen empfiehlt es sich stets, vor einer mehrtätigen Außerbetriebsetzung die Leitung und Reiniger sorgfältig zu entlüften, indem man einige Zeit reine Luft hindurchbläst. Derartige Vorrichtungen sind daher stets vorzusehen. Am einfachsten geschieht dies dadurch, daß man den Motor nach Beendigung des Gasbetriebs einige Minuten mit Benzin allein laufen läßt. Dadurch werden auch die Zylinderlaufflächen und die Ventile der zerstörenden Wirkung der Gasreste entzogen. Es konnte wiederholt beobachtet werden, daß die Beschädigung hauptsächlich nach der Außerbetriebnahme durch zurückbleibende Gasreste erfolgt, weshalb eine sorgfältige Entlüftung von Wichtigkeit ist.

7. Gaszusammensetzung.

Bereits früher wurde auf die Unterschiede hinsichtlich der Reaktionsfähigkeit der verschiedenen Brennstoffe hingewiesen. Dadurch wird die Gaszusammensetzung stark beeinflußt, außerdem spielt dabei noch der Belastungsgrad des Gaserzeugers und seine Bauart eine wesentliche Rolle. Ein gutes Gas muß erstens einen möglichst hohen Heizwert, zweitens eine gute Zündfähigkeit besitzen und drittens weitgehend unabhängig sein vom Betriebszustand des Gaserzeugers. Die Zündfähigkeit eines Gases wächst mit steigendem Wasserstoffgehalt. Eine Erhöhung des H_2-Gehaltes hat gleichzeitig eine Verminderung des CO-Gehaltes zur Folge. Die Heizwerte von CO zu H_2 verhalten sich jedoch wie 1,18 zu 1, so daß eine Steigerung des H_2-Gehaltes meistens mit einer Verringerung des Heizwertes erkauft wird. Man wird daher den Wasserstoffgehalt nur so hoch legen, als es für eine einwandfreie Zündung notwendig ist. Bei den heute üblichen hohen Motordrehzahlen dürfte als unterste Grenze für den Wasserstoffgehalt etwa 12% angenommen werden können. Nach oben sollten 16—18% nicht überschritten werden, da sonst neben der Senkung des Gasheizwertes unter Umständen Schwierigkeiten an den Zündkerzen des Motors zu erwarten sind. Der H_2-Gehalt eines Gases läßt sich durch die Herdform des Gaserzeugers und die Feuertemperaturen innerhalb gewisser Grenzen ändern. Die richtige Wahl dieser Abmessungen dürfte jedoch ausschließlich Sache des Versuchs sein.

Eine Abhängigkeit der Gaszusammensetzung von dem Betriebszustand des Gaserzeugers, insbesondere von den Temperaturen in der Brennzone und der Gasgeschwindigkeit, ist immer vorhanden, aber bei den einzelnen Brennstoffen und Gaserzeugerbauarten stark verschieden. Hierdurch wird in erster Linie die Trägheit[1] (s. S. 125) des Gaserzeugers bei Belastungswechsel beeinflußt. In dieser Frage wird jedoch neben der Bauart des Gaserzeugers die Beschaffenheit des Brennstoffes ausschlaggebend sein.

Für die verschiedenen Brennstoffe sollen im nachstehenden Angaben über die Gaszusammensetzung gegeben werden, die, soweit nichts anderes angegeben ist, eigenen Versuchen entstammen.

Holzkohle. Hier bleibt die Gaszusammensetzung weitgehend gleichmäßig. Um einen genügenden Wasserstoffgehalt zu bekommen, muß dem Gaserzeuger Wasserdampf zugeführt werden. Der übliche Weg hierzu ist, der Vergasungsluft Wasserdampf zuzusetzen und dieses Wasserdampfluftgemisch dem Gaserzeuger zuzuführen. Eine andere Bauart versucht, mit der Feuchtigkeit, die bereits in der Holzkohle enthalten ist, allein auszukommen. Letzteres Verfahren ergibt wesentlich höhere Feuerraumtemperaturen. Infolge der hohen Reaktionsfähigkeit der Holzkohle wird die Gaszusammensetzung nur wenig von dem Belastungsgrad des Gaserzeugers beeinflußt.

Es ergaben sich folgende Werte:

	H_2	CO	CH_4	O_2	CO_2	N_2
Ohne Wasserdampfzusatz	11	29	0,3	0,2	2,5	57[2]
Mit Wasserdampfzusatz	13,2	28,4	2,1	0,3	2	54

Die Holzkohle wird am besten im aufsteigenden Gasstrom (oder im Querstrom) vergast, da bei Anwendung der absteigenden Vergasung das Gas schlechter wird.

Das Holzkohlengas unterscheidet sich vom Holzgas durch seinen niedrigeren Wasserstoffgehalt, aber höheren CO-Gehalt. Besonders

---

[1] Siehe Kraftfahrtechn. Forschungshefte 1937 Heft 9.
[2] Typentafel R.D.A. 1935.

stark tritt dieser Unterschied hervor, wenn der Gaserzeuger ohne Wasserdampfzusatz betrieben wird.

Holzgas. Die Beschaffenheit des Holzgases wird durch die Herdform und den Belastungsgrad des Gaserzeugers, vor allem aber durch
die Holzfeuchtigkeit beeinflußt. Sie ändert sich jedoch mit wachsendem
Abbrand der Holzfüllung dauernd. Abb. 9 zeigt ein Analysendiagramm,
das mittels eines Mono-Gasanalysenschreibers aufgenommen wurde.
Der CO_2-Gehalt nimmt anfangs mehr und mehr zu mit wachsender
Verdampfung des Wassers im Holz. Vom Höchstwert von CO_2 ab wird
die das Feuerbett durchströmende Wasserdampfmenge geringer, der
Heizwert des Gases steigt an. Man kann in diesem Falle kaum von einem
Beharrungszustand des Gaserzeu-
gers sprechen. Abb. 10 zeigt ein anderes Diagramm unter Verwendung
von sehr nassem Holz (in beiden

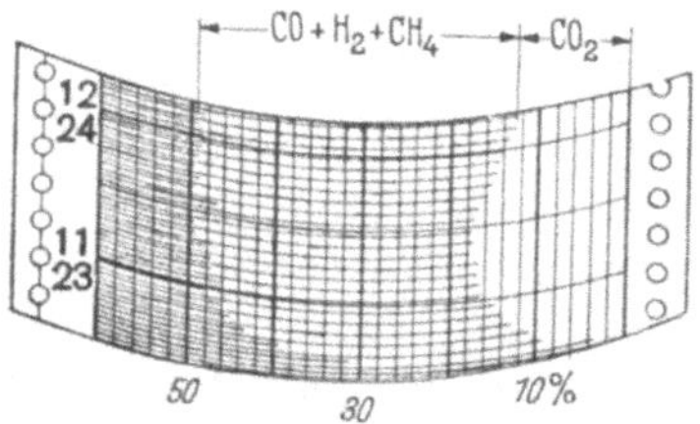

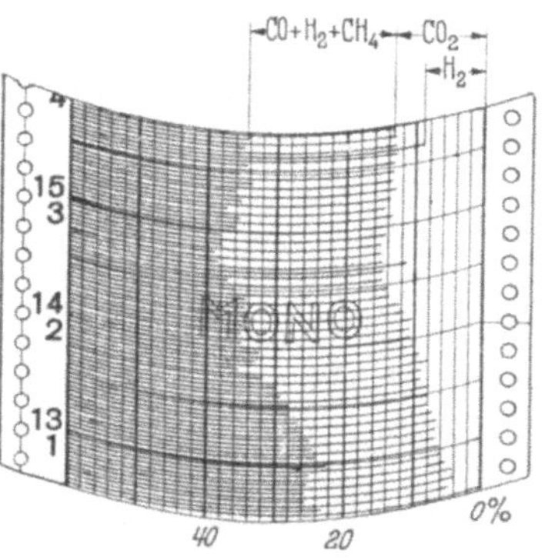

Abb. 9. Änderung der Gaszusammensetzung mit
fortschreitendem Abbrand der Holzfüllung. Holzfeuchtigkeit 14%. Holzgaserzeuger mit kerami-
schem Herd. Gasbelastung 106 Nm³/h.

Abb. 10. Änderung der Gaszusammensetzung
mit fortschreitendem Abbrand der Holzfüllung.
Holzfeuchtigkeit 36%. Holzgaserzeuger mit kera-
mischem Herd. Gasbelastung 40 und 112 Nm³/h.

Fällen wurde Buchenastholz vergast). Auch dieses Diagramm zeigt
ein ähnliches Verhalten an. Es ist ebenfalls ein Höchstwert von CO_2
zu erkennen, wenn er auch infolge der anfangs geringeren Belastung
weniger scharf ausgeprägt ist. Die brennbaren Bestandteile im Gas
sind jedoch wesentlich geringer geworden.

Im Mittel kann man bei einer Holzfeuchtigkeit von 14 bis 18%
unter Verwendung von Buchenstückholz eine Gaszusammensetzung von:

CO_2	H_2	CO	CH_4
12—15%	18—20%	18—22%	1,5—2%

annehmen.

Die Gaszusammensetzung bei Weichholz ist nur wenig davon verschieden. Beim Holzgaserzeuger gibt im allgemeinen die Randdüsenbauart günstigere Werte als die Mitteldüse. Letztere wird heute nur
noch in wenigen Fällen verwendet. (Abhängigkeit des Gases von der
Holzfeuchtigkeit s. E 1.)

Torfgas. Bei Vergasung von Sodentorf im absteigenden Gasstrom erhält man bei einer Torffeuchtigkeit von 20 bis 26% folgende Gaszusammensetzung[1]:

CO_2	H_2	CO	CH_4
9,5%	16,0%	20,8%	1,7%

Die Stückgröße des Torfes betrug dabei 40 bis 60 mm. Im Betrieb ist der Torf im allgemeinen nur wenig verschieden von Holz. Da die Beschaffenheit des Torfes je nach den örtlichen Verhältnissen stark schwankt, muß seine Brauchbarkeit von Fall zu Fall jeweils ermittelt werden.

Braunkohlenschwelkoksgas. Infolge der günstigen Reaktionsfähigkeit des Schwelkokses (Hartkoks) erhält man ein ziemlich hochwertiges Gas, das allerdings nicht ganz die Werte des Holz- und Holzkohlengases erreicht. Die Gaszusammensetzung im Laufe des Betriebes bleibt nahezu gleichmäßig, ein Zeichen dafür, daß die Reaktionsfähigkeit dieses Brennstoffes selbst nach längerer Einwirkung hoher Temperaturen erhalten bleibt. In dieser Beziehung kommt dieser Brennstoff dem Holz und der Holzkohle ziemlich nahe.

Obgleich der Braunkohlenschwelkoks im Mittel etwa 10% Wasser enthält, reicht dieser Wassergehalt allein zur Vergasung noch nicht aus. Es muß stets noch Wasserdampf zugesetzt werden. Innerhalb gewisser Grenzen ist dieser Brennstoff ziemlich unempfindlich gegenüber der zugesetzten Wasserdampfmenge. Das Gas besitzt im Mittel folgende Zusammensetzung:

	CO	H_2	CH_4	CO_2	O_2	N_2
Abwärtsvergasung	23	14	0,9	7	0,2	54,9[2]
Aufwärtsvergasung	30,8	12	0	3,6	0,4	53,5

Der mitteldeutsche Braunkohlenschwelkoks besitzt großenteils einen hohen Gehalt an Schwefel, der in das Gas übergeht. Größere Mengen an Schwefelverbindungen, besonders Schwefeldioxyd und Schwefelwasserstoff, wirken auf die Metallteile nachteilig ein, wenn die Gastemperatur unter den Taupunkt gesunken ist. Die Entfernung dieser schwefelhaltigen Bestandteile ist bisher in Fahrzeuggasanlagen noch nicht gelungen. Es werden daher die Leitungen und Reinigerteile sehr stark angegriffen. Besonders der hohe Motorverschleiß macht diesen Brennstoff bei höherem Schwefelgehalt vorläufig unbrauchbar.

Torfkoksgas. Der Torfkoks hat in seinem Verhalten große Ähnlichkeit mit der Holzkohle und kann auch in den üblichen Holzkohlengaserzeugern verwendet werden. Auch hier ist ein Wasserdampfzusatz

---

[1] ATZ 1940 S. 465.

[2] Schulte: Hauptversammlung des VDI 1936, Berichtsheft S. 83.

aus denselben Gründen wie bei Holzkohle erforderlich. Nach Untersuchungen des Kaiser-Wilhelm-Instituts (Mühlheim-Ruhr) besitzt das Gas im günstigsten Fall folgende Zusammensetzung:

CO	H_2	CH_4	CO_2	O_2	N_2
28,8	13,8	1,7	4,2	0	51,5

Der Torfkoks ist sehr reaktionsfähig und steht der Holzkohle nur wenig nach. Je nach der verwendeten Gaserzeugerbauart und der zugesetzten Wasserdampfmenge können kleine Änderungen in der Gaszusammensetzung eintreten.

Steinkohlenschwelkoks. In gewöhnlichem Zustand zeigt der Steinkohlenschwelkoks eine gute Reaktionsfähigkeit. Seine Zündfähigkeit ist sehr gut, da der Brennstoff noch größere Mengen flüchtiger Bestandteile enthält, die kurze Anblasezeiten ermöglichen. Diese Bestandteile entweichen bei der Inbetriebnahme und ergeben zunächst ein sehr gutes Gas. Nach beendeter Entschwelung wird das Gas etwas schlechter, außerdem sinkt die Reaktionsfähigkeit ab. Steinkohlenschwelkoks wird am zweckmäßigsten nach dem nassen oder halbnassen Verfahren vergast.

Diese Wasserdampfmenge beträgt etwa 40 bis 60% des durchgesetzten Brennstoffgewichts.

Unmittelbar nach der Inbetriebsetzung zeigt das Gas sehr gute Eigenschaften. Der Heizwert und die Zündfähigkeit sind so hoch, daß die Zündkerzen vielfach Schwierigkeiten machen und hohe Glühwerte verlangen. Nach etwa 20 min verschlechtern sich jedoch die Eigenschaften infolge Beendigung der Entschwelung und man erhält bei Aufwärtsvergasung und Wasserdampfzusatz ein Gas von folgender Zusammensetzung:

CO_2	CO	H_2	CH_4
8—10%	22—25%	10—12%	1,6%

Schwierigkeiten entstehen bei diesem Brennstoff infolge der langsamen Abnahme der Reaktionsfähigkeit bisweilen bei der Wiederinbetriebsetzung nach längeren Stillstandspausen. Dieses Verhalten wird durch die Bauart des Gaserzeugers, besonders hinsichtlich der Feuerraumtemperaturen und damit der Schachtabmessungen, bestimmt.

Anthrazit. Hier wird nach den nassen, halbnassen oder trockenen Verfahren vergast. Die trockene Vergasung im Querstrom verlangt jedoch eine kleine Korngröße und bei Verwendung von Tuchfilter einen Wassergehalt von unter 5%. Beim nassen und halbnassen Verfahren spielt die Brennstoffeuchtigkeit keine wesentliche Rolle, auch ist ein Überkorn in mäßigen Grenzen tragbar. Das trockene Verfahren (Abb. 11) ergibt zwar ein Gas mit geringerem Heizwert, besonders bei kleiner Brennstoffeuchtigkeit und niederem Wasserstoffgehalt und deshalb geringer Zündfähigkeit. Der Gaserzeuger paßt sich jedoch

Lastwechseln besser an, während das nasse Verfahren (Abb. 12) sich bei gutem Heizwert aber etwas größerer Trägheit umgekehrt verhält. Zwischen beiden steht das halbnasse Verfahren (Abb. 13). Die Gaszusammensetzung im Beharrungszustande ist folgende:

	CO_2	CO	H_2	CH_4
trockene Vergasung	4—6	27—29	4—6	1,1
halbnasse Vergasung	4—6	22—26	12—16	1,4—1,6
nasse Vergasung	9—10	20—23	18—22	1,3—1,6

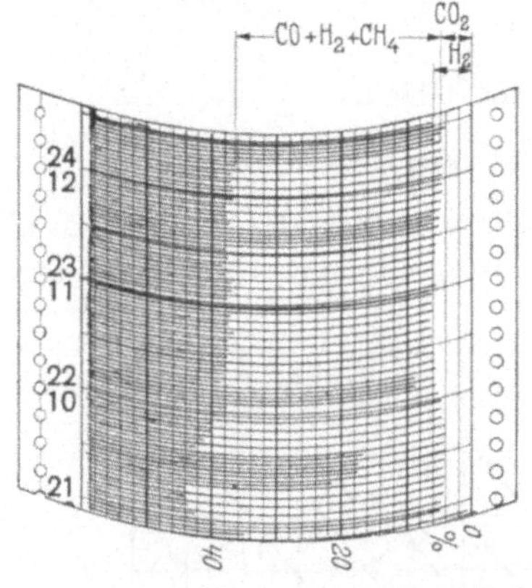

Abb. 11. Trockene Vergasung. Anthrazit Zeche Heinrich Nuß 4, Gasbelastung 108 Nm³/h.

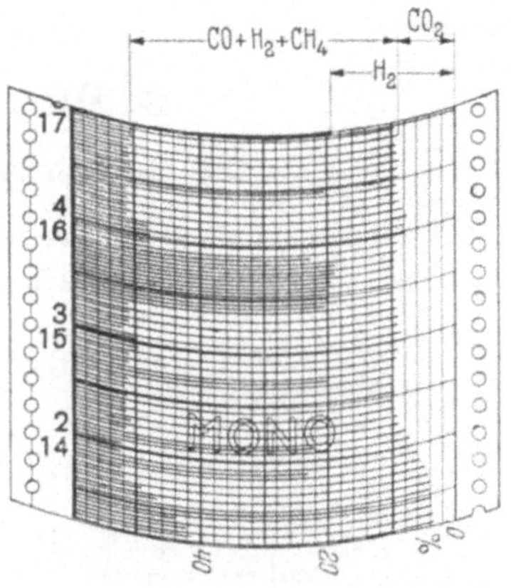

Abb. 12. Nasse Vergasung. Anthrazit Zeche Heinrich Nuß 4, Gasbelastung 154 Nm³/h.

Auch hier wird das Gas nach beendeter Entschwelung des in der Feuerzone befindlichen Brennstoffes etwas schlechter. Dann bleibt die Gaszusammensetzung bei aller Belastung nahezu gleichmäßig, der Gaserzeuger kommt in den Beharrungszustand.

Braunkohlenbrikett. Gaserzeuger für diesen Brennstoff befinden sich bereits seit einer längeren Reihe von Jahren im Versuch. Die Erzeugung eines teerfreien Gases ist erst in jüngster Zeit gelungen, nachdem

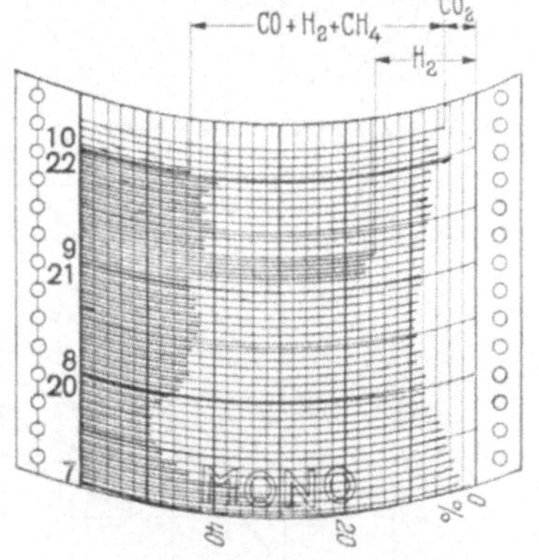

Abb. 13. Halbnasse Vergasung. Anthrazit Zeche Heinrich, Gasbelastung 167 Nm³/h.

man zur reinen Abwärtsvergasung unter Beachtung der Eigenart der Braunkohlenbriketts überging. Diese Versuche sind jetzt soweit abgeschlossen, daß ein praktischer Einsatz mit Braunkohlenbriketts möglich ist. Dieser Brennstoff zeichnet sich durch eine gute Elastizität des Gaserzeugers aus, der in dieser Hinsicht alle übrigen Brennstoffe übertrifft. Von großem Einfluß ist die Feuchtigkeit der Briketts. Die

Gaszusammensetzung unter Verwendung rheinischer Braunkohlenbriketts mit einem Wassergehalt von 17% ist im Mittel folgende:

CO_2	CO	H_2	CH_4
9—11%	20—23%	11—14%	1,0%

Das Gas ist ähnlich wie beim Holzgaserzeuger mit fortschreitendem Abbrand gewissen Schwankungen unterworfen, so daß man auch hier, besonders bei kleinen Füllräumen, von keinem Beharrungszustand sprechen kann.

D. Die Gasmaschinen.

1. Die motorische Verbrennung des Gases.

Die beiden wichtigsten brennbaren Bestandteile des Sauggasses sind der Wasserstoff und das Kohlenoxyd. Dagegen tritt das Methan mengen-

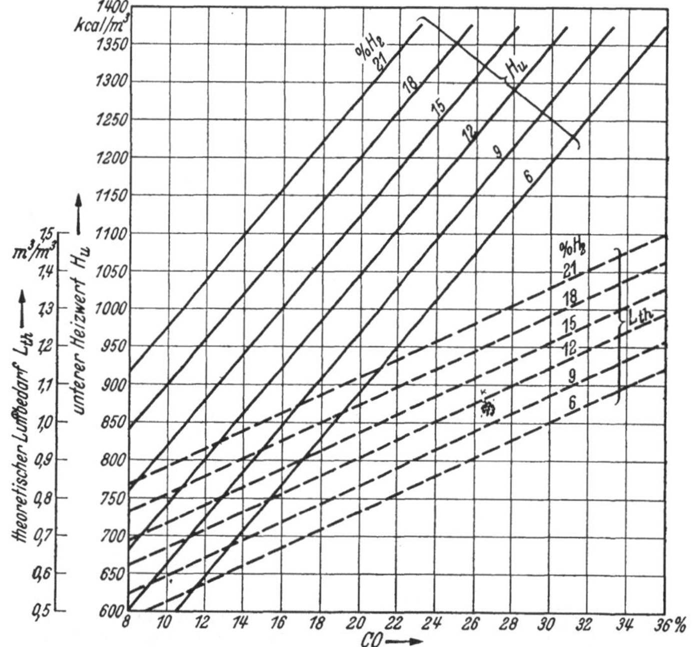

Abb. 14. Luftbedarf und Heizwert in Abhängigkeit von der Gaszusammensetzung.

mäßig stark zurück. Außerdem sind zum Teil noch Spuren von schweren Kohlenwasserstoffen enthalten, die aber für die Beurteilung eines solchen Gases außer Betracht bleiben können. Alle übrigen Bestandteile sind nicht brennbar und müssen als notwendiges Übel mitgeschleppt werden.

Die Heizwerte der Einzelbestandteile betragen auf das Nm^3 ($0°$ C und 760 mm Hg) bezogen:

	H_u kcal/Nm³	L_{th} m³/Nm³	Zündtemp.[1] im Gemisch mit Luft ° C
Kohlenoxyd CO	3040	2,38	651
Wasserstoff H_2	2580	2,38	585
Methan CH_4.	8526	9,52	650—750

Der Heizwert dieser Gase ist stark verschieden. Am wertvollsten ist demnach das Methan, während der Wasserstoff erheblich abfällt. In

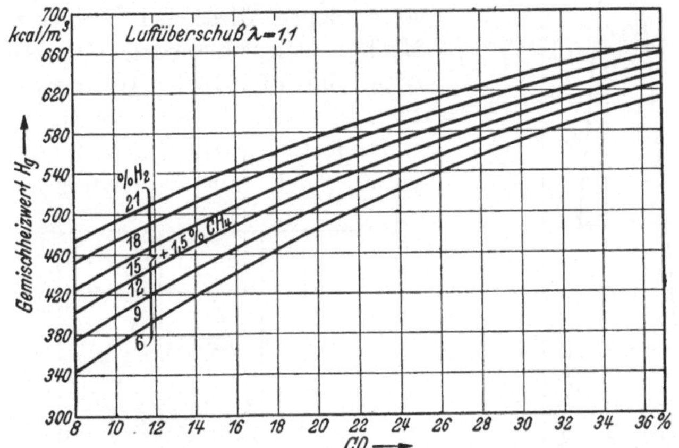

Abb. 15. Gemischheizwert in Abhängigkeit von der Gaszusammensetzung.

der mittleren Spalte ist der theoretische Luftbedarf angegeben. Aus den genannten Werten läßt sich der Heizwert eines beliebigen Gemisches berechnen, der in Abb. 14 zusammen mit dem theoretischen Luftbedarf in Abhängigkeit vom Wasserstoff- und Kohlenoxydgehalt dargestellt ist. Dabei ist der Berechnung ein mittlerer Methangehalt von 1,5% zugrunde gelegt. Dies erscheint ohne weiteres zulässig zu sein, da die tatsächlichen Werte in der Regel zwischen 1 und 2% liegen, und nur in Einzelfällen, z. B. bei Überwiegen des Schwelgasanteils bei neugefülltem Gaserzeuger, höhere Werte annehmen können.

Aus dieser Zusammenstellung wurden die Gemischheizwerte ermittelt, wobei mit einem Luftüberschuß von 10% ($\gamma = 1,1$) gerechnet wurde. Dieser Wert konnte bei verschiedenen Messungen als günstigster Mittelwert gefunden werden. In der Abb. 15 sind die Gemischheizwerte in Abhängigkeit vom Wasserstoff- und Kohlenoxydgehalt aufgetragen. Daraus ist ersichtlich, daß der Gemischheizwert innerhalb gewisser Grenzen bei einer Änderung der Gaszusammensetzung nur wenig schwankt.

---

[1] Gas- u. Wasserfach 1935 S. 727.

Neben dem Gemischheizwert des Gases sind für die motorische Verbrennung und für die erzielbare Motorleistung noch die Zündeigenschaften des Gases wichtig. Auch in dieser Richtung verhalten sich die einzelnen Gaskomponenten recht verschieden. Die Zündeigenschaften der wichtigsten brennbaren Einzelbestandteile zeigt Abb. 16[1]. Daraus ist vor allem ersichtlich, daß die Zündgeschwindigkeit von dem Mischungsverhältnis mit der Verbrennungsluft abhängig ist, daß sie aber bei den Einzelbestandteilen stark voneinander abweichen. Während Wasserstoff sehr hohe Zündgeschwindigkeiten besitzt, liegen diese bei Kohlenoxyd und Methan ziemlich niedrig. Die Darstellung zeigt, daß die Höchstwerte stets im Gebiete des Gasüberschusses liegen.

Bei Kohlenwasserstoffverbindungen verschiebt sich mit steigendem Molekular-

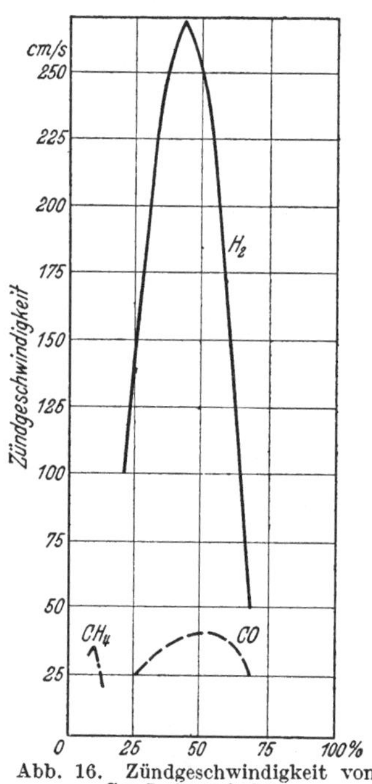

Abb. 16. Zündgeschwindigkeit von Gas-Luftgemischen.

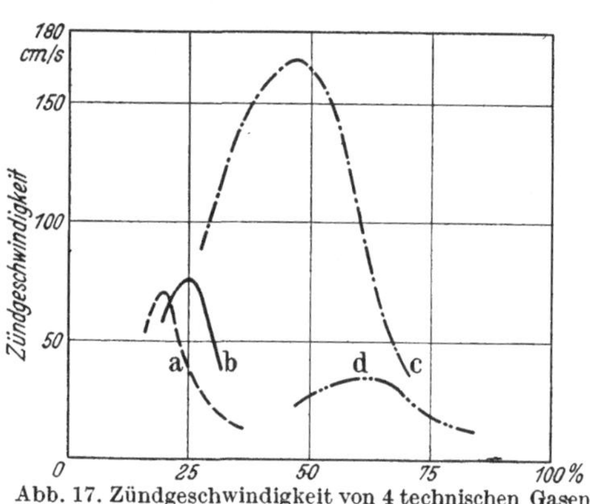

Abb. 17. Zündgeschwindigkeit von 4 technischen Gasen im Gemisch mit Luft.

gewicht der Höchstwert der Zündgeschwindigkeit immer mehr nach dem theoretischen Mischungsverhältnis für vollkommene Verbrennung.

Den Verlauf der Zündgeschwindigkeiten einiger technischer Gase zeigt Abb. 17. Unter a) bis c) ist Leuchtgas bzw. Wassergas, unter d) ein Sauggas zu verstehen. Entsprechend dem geringeren Heizwert und dem niederen Wasserstoffgehalt des letzteren sind die Zündgeschwindigkeiten im Falle d) erheblich kleiner.

Für ein beliebig zusammengesetztes Gas wurde von Bunte und Litterscheid[2] die Tafel der Abb. 18 angegeben, die es ermöglicht, mit Annäherung die Zündgeschwindigkeiten eines technischen Gases zu

---

[1] Mitt. aus dem Gasinstitut Karlsruhe. Brückner u. Löhr: Brenntechn. Bewertung technischer Gase. Z. VDI 1936 S. 1275.

[2] Bunte u. Litterscheid: Gas- u. Wasserfach 1930 S. 837.

ermitteln. Als Abszisse wurde das Verhältnis der brennbaren Anteile im Gas zur Verbrennungsluft gewählt. Die brennbaren Einzelbestandteile des Gases sind dabei auf den Gesamtgehalt an brennbaren Gasen

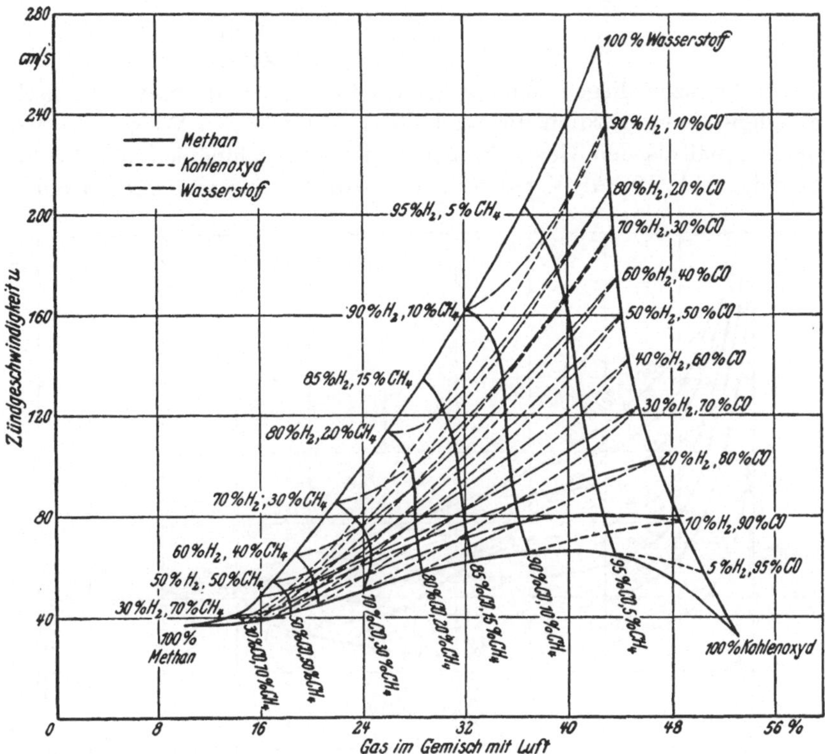

Abb. 18. Zündgeschwindigkeit von Wasserstoff-Kohlenoxyd-Methangemischen in Mischung mit Luft.

bezogen. Für ein Gas mit 14% Wasserstoff und 22% Kohlenoxyd erhält man beispielsweise eine angenäherte Zündgeschwindigkeit von 1,4 m/s.

Alle angegebenen Zündgeschwindigkeiten gelten für normalen Atmosphärendruck der Gasluftgemische und steigen mit der Druckerhöhung an, weshalb es vorteilhaft ist, die Verdichtung soweit zu erhöhen, als es die Selbstzündungstemperaturen des Gemisches zulassen. Außerdem sind die Zündgeschwindigkeiten vom Mischungsverhältnis abhängig. Dieses Verhältnis Gas zu Luft muß stets in den Grenzen guter Zündfähigkeiten liegen.

Für ein Sauggas von folgender Zusammensetzung:

18,5% CO, 17,7% H₂, 1,8% CH₄, 1,2% O₂, 9,6% CO₂, 50,9% N₂

wurden von Schnürle[1] die Zündgrenzen des Gemisches bei verschiedenen Verdichtungsverhältnissen gemessen zu:

Verdichtungsdruck kg/cm²	Zündbereich für γ
8	4,05—0,44
12	4,25—0,4
16	4,14—0,401
18	4,07—0,413

Die Zündgrenzen liegen sehr weit auseinander und sind praktisch unabhängig vom Verdichtungsverhältnis. In welcher Weise das Mischungsverhältnis den Gasverbrauch und die Maschinenleistung beeinflußt, zeigt Abb. 19. Als Versuchsmaschine diente eine ortsfeste Maschine

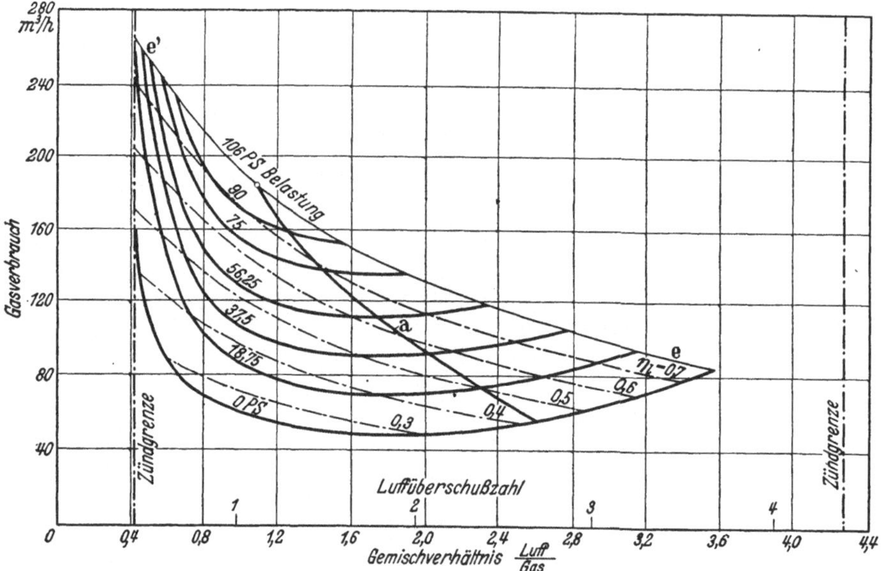

Abb. 19. Gemischverhältnis und Gasverbrauch bei verschiedenen Belastungen.

mit Füllungs- und Gemischregelung (Einzylindermaschine $D = 410$ mm, $s = 600$ mm, $n = 215$ U/min) bei einem Mischungsverhältnis 1,1:1. Die Regelung der Maschine erfolgte mittels des Reglers nach der eingezeichneten Kurve a). Gleichzeitig sind in der Abbildung die Zündgrenzen des Gemisches eingetragen. Daraus ist ersichtlich, daß über den Regelbereich einer solchen Maschine die Zündgrenzen nicht erreicht werden.

Im Fahrbetrieb wird die richtige Einstellung des Mischungsverhältnisses stets dem Gefühl des Fahrers überlassen bleiben müssen. Bei einiger Übung stehen dem keine besonderen Schwierigkeiten entgegen. Bei richtig gebauten Mischorganen (s. Abschnitt D 3) wird ein

---

[1] Schnürle: Versuche an der Gasmaschine ATZ 1934 S. 300.

Nachregulieren der Verbrennungsluft auf wenig Einzelfälle beschränkt bleiben (z. B. kurz nach dem Anfahren und unmittelbar nach größeren Lastschwankungen).

2. Verdichtung, Vorzündung, Zünddruck.

Die thermisch-theoretischen Unterlagen des „Otto"-Verfahrens.

Um den Einfluß der Verdichtung auf den theoretischen Arbeitsprozeß im Maschinenzylinder bestimmen zu können, werden folgende Annahmen gemacht: Der Verdichtungsraum V_2 des Zylinders ist nach jedem Auspuff mit Abgas von einer Temperatur $t_a = 400°$ C ausgefüllt. Das neu eintretende Gas-Luftgemisch vermischt sich derart mit dem Abgasrest, daß beides schließlich die gemeinsameTemperatur $t_1°$ C annimmt. Die Verdichtung wie die Ausdehnung erfolgt adiabatisch, d. h. bei gleichbleibender Entropie. Die Verbrennung geht bei unverändertem Raum V_2 und „vollkommen" vor sich.

Es bezeichnet:

$$V_1 = 1 \text{ m}^3 \text{ das Zylindervolumen.}$$

$$V_2 \text{ den Verbrennungsraum.}$$

$$\varepsilon = \frac{V_1}{V_2} \text{ das Verdichtungsverhältnis; also:}$$

$$V_2 = \frac{V_1}{\varepsilon} = \frac{1}{\varepsilon} \text{ den Verbrennungsraum}$$

$$V_H = V_1 - V_2 = 1 - \frac{1}{\varepsilon} \text{ das Hubvolumen.}$$

V_{1_0}, V_{2_0} .... Nm³ den auf Zustand $0°$ C und 760 mm Hg zurückgeführten Inhalt von V_1 und V_2 ......

$t_{1,2,3,4}$ die Temperaturen.

$p_{1,2,3,4}$ bei Beginn „1" und Ende „2" der Verdichtung, bei Beginn „3" und Ende „4" der Ausdehnung.

$t_M = 20°$ C die Temperatur des Gas-Luftgemisches vor dem Zylinder.

$t_A = 400°$ C die Temperatur des Gasrestes am Ende des Ausschiebens im Raum V_2.

Das der Rechnung zugrunde liegende Gas hat folgende Zusammensetzung:

$$H_2 = 15\,\%; \quad CO = 22\,\%; \quad CH_4 = 2\,\%; \quad N_2 = 55\,\%; \quad CO_2 = 6\,\%.$$

Der untere Heizwert ergibt sich zu:

$$H_u = 0{,}15 \cdot 2580 + 0{,}22 \cdot 3040 + 0{,}02 \cdot 8526 = 1227 \text{ kcal/Nm}^3.$$

1 Nm³ dieses Gases benötigt eine theoretische Luftmenge:

$$L_{th} = 1{,}071 \text{ Nm}^3 \text{ zur Verbrennung und es entstehen:}$$

$0{,}19$ Nm³ $H_2O + 0{,}3$ Nm³ $CO_2 + 1{,}396$ Nm³ N_2 zusammen $1{,}886$ Nm³ Brenngas.

4*

In der Folge werde mit einer Luftüberschußziffer $\lambda = 1{,}1$ gerechnet; dann wird die wirkliche Luftzufuhr: $1{,}1 \cdot 1{,}071 = 1{,}1781$ Nm³. Aus 1 Nm³ Gas und 1,1781 Nm³ Luft $= 2{,}1781$ Nm³ Gemisch entstehen 0,19 Nm³ H_2O + 0,3 Nm³ CO_2 + 0,0225 Nm³ O_2 + 1,4806 Nm³ N_2, zusammen 1,9931 Nm³ Brenngas mit 1227 kcal frei werdender Wärme. Somit entstehen aus 1 Nm³ Gemisch:

$0{,}087\ H_2O + 0{,}138$ Nm³ $CO_2 + 0{,}01\ O_2 + 0{,}638\ N_2 = 0{,}918$ Nm³ Verbrennungsgase mit 564 kcal.

Die Zusammensetzung von 1 Nm³ der Mischung aus Gas und Luft ist:

$0{,}028\ CO_2 + 0{,}009\ CH_4 + 0{,}101\ CO = 0{,}113\ O_2 + 0{,}069\ H_2 + 0{,}68\ N_2 =$

0,963 Nm³ 2-atomige Gase + 0,028 Nm³ CO_2 + 0,009 Nm³ CH_4.

Die Zusammensetzung von 1 Nm³ Brenngas ist:

$0{,}1503$ Nm³ $CO_2 + 0{,}0948$ Nm³ $H_2O + 0{,}0109$ Nm³ $O_2 + 0{,}744$ Nm³ N_2.

Die Mischungstemperatur t_l des Abgasrestes und des Gas-Luftgemisches und die Lademenge berechnet sich wie folgt:

Es sei: Der Gasrest V_{A_0}
die Gemischladung V_{M_0} $\Big\}$ in Nm³ bei $T_0 = 273°$ C.

So besteht die Gewichtsgleichung: $V_{A_0} + V_{m_0} = V_1 \dfrac{T_0}{T_1} = V_{10}$. Hieraus

$T_1 = \dfrac{T_0}{V_{M_0} + V_{A_0}}$; ferner die Wärmegleichung (hierbei sei für Gasrest und Gemisch gleiche spezifische Wärme C angenommen):

$$V_{A_0} t_A C + V_{M_0} C\, t_M = (V_{A_0} \cdot C + V_{M_0} \cdot C) \cdot t_l$$

$$V_{A_0} \cdot t_A + V_{M_0} \cdot t_M = (V_{A_0} + V_{M_0})(T_1 - 273) = (V_{A_0} + V_{M_0}) \cdot \left(\frac{T_0}{V_{M_0} + V_{A_0}} - 273 \right).$$

Mit $t_A = 400°$ C; $t_M = 20°$ C ergibt sich hieraus schließlich:

$$V_{M_0} = 0{,}939 - 2{,}31\ V_{A_0}.$$

Rechenergebnisse:

Fall	$\varepsilon = \dfrac{V_1}{V_2}$	V_2 m³	$V_{A_0} = V_2 \dfrac{273}{673}$	V_{M_0} Nm³	t_l ° C	$V_{1_0} = V_{M_0} + V_{A_0}$ Nm³ im Zylinder
a	6	0,176	0,0677	0,785	47	0,8527
b	8	0,125	0,0507	0,822	40	0,8727
c	10	0,100	0,0405	0,846	35	0,8865

Durchrechnung eines Falles a: Verdichtungsverhältnis $\varepsilon = 6$.

Verdichten: Es beteiligen sich $V_{A_0} = 0{,}0677$ Nm³ Abgasrest und 0,785 Nm³ Brenngemisch.

0,0677 Nm³ Abgas   sind 0,0511 2-atom. + 0,00642 H_2O + 0,01012 CO_2
0,7850 Nm³ Gemisch sind 0,7560 2-atom. + 0,02195 CO_2 + 0,00705 CH_4

zus.: $V_0 = 0{,}8527$ Nm³   0,8071 2-atom. + 0,00642 H_2O + 0,03207 CO_2 +
0,00705 CH_4

Die Werte für die Entropie S bei konstantem Volumen und der Wärmeinhalt sind mit Hilfe der in der Literatur angegebenen Werte S_I und J_I für $1\,\text{Nm}^3$ gemäß $S = \Sigma\,(S_I \cdot V)$ und $J = \Sigma\,(J_I \cdot V)$ berechnet und nachstehend zusammengestellt:

Gasart	Gas Nm³	$t = 200°$ C		$t = 400°$ C		$t = 600°$ C	
		S	J	S	J	S	J
2-atom..	0,80710	0,0968	50,7	0,1630	101,7	0,2130	154,0
H_2O ..	0,00642	0,0010	0,5	0,0017	1,0	0,0022	1,5
CO_2 ..	0,03213	0,0058	2,8	0,0102	6,0	0,0139	9,6
CH_4 ..	0,00705	0,0011	0,6	0,0020	1,2	0,0028	1,9
Summe	0,85270	0,1047	54,6	0,1769	109,9	0,2319	167,0

Die einer isothermischen Verdichtung zugehörige Entropieänderung ist $S_t = V_0 \cdot 0{,}2041 \cdot \ln \varepsilon = 0{,}8527 \cdot 0{,}2041 \cdot \ln 6 = 0{,}1352$ Entropieeinheiten. Der Wärmeinhalt bei konstantem Volumen ist:

$$J_V = J - 0{,}0886 \cdot t \cdot V_0 = J - 0{,}0755 \cdot t \;\text{kcal}.$$

Der Vorrat an gebundener Wärme ist $Q_1 = 564 \cdot V_{M_0} = 564 \cdot 0{,}785 = 442$ kcal.

Verbrennen. Nachstehende Zahlenzusammenstellung gibt die Rechenergebnisse für den Wärmeinhalt J und die Entropie S der Verbrennungsgase:

Gasrest	Gas Nm³	$t = 400°$ C		$t = 800°$ C		$t = 1200°$ C	
		S	J	S	J	S	J
2-atom..	0,5951	0,1200	75,0	0,1880	15,3	0,2375	237,0
H_2O ..	0,0744	0,0194	11,3	0,0302	23,5	0,0386	36,6
CO_2 ..	0,1182	0,0376	21,8	0,0625	46,8	0,0812	74,5

Gasrest	Gas Nm³	$t = 1600°$ C		$t = 2000°$ C		$t = 2400°$ C	
		S	J	S	J	S	J
2-atom..	0,5951	0,2780	323,0	0,3085	410,0	0,3340	502,0
H_2O ..	0,0744	0,0461	51,5	0,0535	69,8	0,0607	90,7
CO_2 ..	0,1182	0,0965	104,3	0,1098	137,0	0,1220	170,0

ergibt zusammen: Gas $= 0{,}7877\,\text{Nm}^3$.

	$t = 400°$ C	$t = 800°$ C	$t = 1200°$ C	$t = 1600°$ C	$t = 2000°$ C	$t = 2400°$ C
Entropie	0,1770	0,2807	0,3573	0,4206	0,4718	0,5167
Wärmeinhalt ..	108,1	223,3	348,1	478,8	616,0	762,7

Die einer isothermischen Ausdehnung zugehörige Entropieänderung ist: $S_t = V_0 \cdot 0{,}2041 \cdot \ln \varepsilon = 0{,}7877 \cdot 0{,}2041 \cdot \ln 6 = 0{,}1250$ Entropieeinheiten. Der Wärmeinhalt bei konstantem Volumen ist:

$$J_V = J - 0{,}0886 \cdot V_0 \cdot t = J - 0{,}0886 \cdot 0{,}7877 \cdot t = J - 0{,}0698 \cdot t.$$

Die Ergebnisse sind in Abb. 20 dargestellt. Die dort beigefügten erläuternden Bemerkungen werden das Lesen der Tafel erleichtern.

Nunmehr läßt sich das Wärmeäquivalent der geleisteten Ausdehnungsarbeit $AL_\text{Ausdehnung} = 244$ kcal, das der aufzuwendenden Verdich-

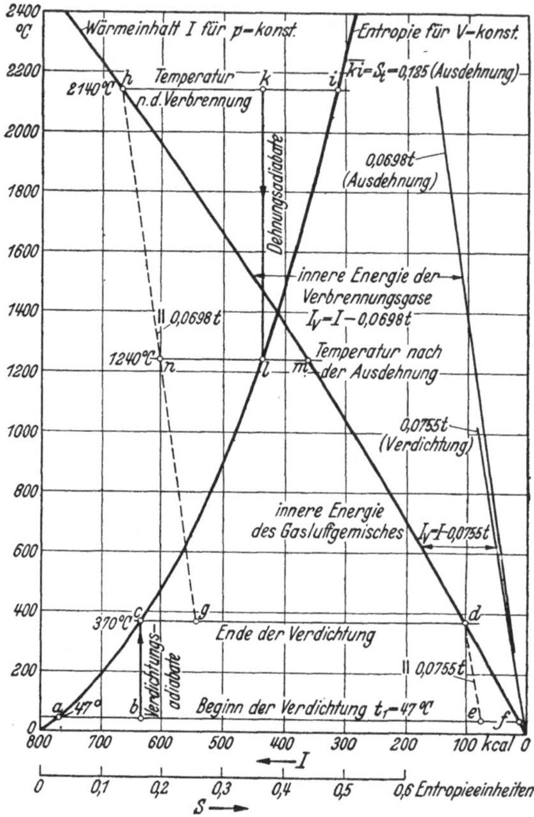

Abb. 20. Wärmetechnische Berechnung des Arbeitsprozesses einer Gasmaschine.

tungsarbeit $AL_\text{Verdichtung} = 61$ kcal ablesen. Somit wird die durch das ideelle Diagramm angezeigte Arbeit:

$$L_\text{ideell} = \frac{AL_\text{Ausdehnung} - AL_\text{Verdichtung}}{A} = 427 \cdot (244 - 61) = 78\,141 \text{ mkg}.$$

Hieraus ergibt sich der ideelle mittlere Druck in kg/cm²:

$$p_\text{ideell} = \frac{L_\text{ideell}}{10000 \cdot V_\text{Hub}} = \frac{78\,141 \cdot 6}{10000 \cdot 5} = 9,4 \text{ kg/cm}^2$$

und der thermische Wirkungsgrad (theoretisch):

$$\eta_{th} = \frac{AL_\text{ideell}}{Q_1} = \frac{244 - 61}{442} = 0,415.$$

In gleicher Weise sind die Verhältnisse für Fall b und c, d. h. für die Verdichtungsverhältnisse $\varepsilon = 8$ und $\varepsilon = 10$ untersucht.

Die Zusammenstellung der Ergebnisse (Abb. 21) gewährt einen Einblick in die Einflüsse des Verdichtungsverhältnisses gegenüber dem Wert $\varepsilon = 6$. Er zeigt vor allem, wie sich die Leistung gemäß dem wachsenden mittleren Druck erhöht. Freilich sind weit höhere Steigerungen des Zünddrucks, dagegen weniger der Zündtemperatur in Kauf zu nehmen. Wenn auch hier rein theoretisch die Vorgänge behandelt wurden, so werden die tatsächlichen Vorgänge im wesentlichen ebenfalls verhältnisgleich den theoretischen durch das Verdichtungsverhältnis ε beeinflußt werden.

In der Abb. 21 und umstehender Tafel sind die Ergebnisse der theoretischen Berechnung für verschiedene Verdichtungsverhältnisse wiedergegeben.

Über den tatsächlichen Einfluß der Verdichtung auf Leistung und Zünddruck liegen eine Reihe von Versuchen vor. Abb. 22[1] stellt den Einfluß der Verdichtung auf die Motorleistung dar. Dabei wurde ein Hanomag-

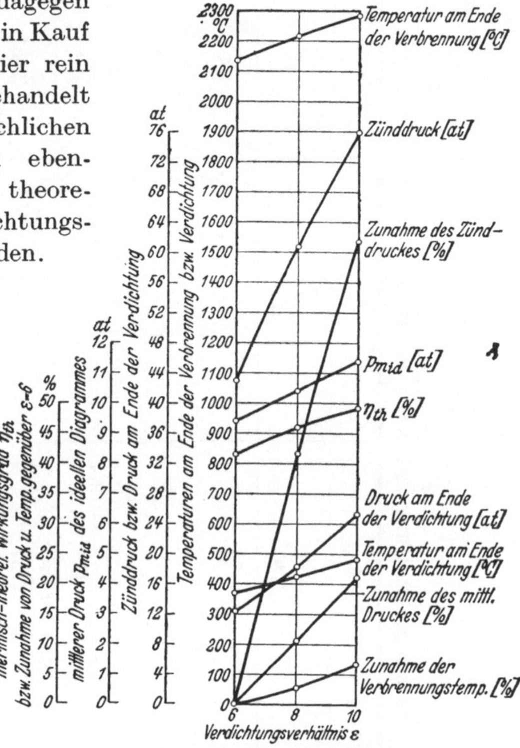

Abb. 21. Einfluß des Verdichtungsverhältnisses auf den theoretischen Arbeitsprozeß einer Gasmaschine.

Schleppermotor 4 Zylinder $D = 96$, $s = 150$ mm mit einem Imbert-Holzgaserzeuger verwendet. Infolge der trägen Verbrennung fiel bei einem Verdichtungsverhältnis 5,17 die Leistung bei höheren Drehzahlen rasch ab. Deutlich geht der Einfluß der Verdichtung aus Abb. 23[2] hervor. Als Versuchsmaschine diente ein ortsfester Motor von $D = 410$, $s = 600$ bei $n = 215$ U/min. Die Leistungszunahme wird mit steigender Verdichtung geringer. Gleichzeitig sinkt der Wärmeverbrauch der Maschine stark, so daß bei $\varepsilon = 10$ ein wirtschaftlicher

---

[1] Kühne: RKTL-Schriften, Beuth-Verlag 1935 Heft 60.

[2] Die Abb. 23, 25, 26 und 27 sind dem Berichtsheft der VDI-Hauptversammlung 1936 entnommen, S. 249f.

Zusammenstellung der Rechenergebnisse.

Verdichtungsverhältnis	6	8	10
Temperatur am Ende der Verdichtung ° C Verbrennung ° C	370 2140	425 2290	480 2285
Drücke gemäß $p=\left(\dfrac{p_0}{T_0}\cdot\dfrac{V_0}{V}\cdot T\right)$ kg/cm² $p=\dfrac{1{,}033}{273}\dfrac{V_0}{V}(t^0+273=\dfrac{t+273}{264{,}2}\cdot\dfrac{V_0}{V}$ Am Ende der Verdichtung Verbrennung	$\dfrac{643}{264{,}2}\cdot\dfrac{0{,}8527}{0{,}167}=12{,}4$ $\dfrac{2413}{264{,}2}\cdot\dfrac{0{,}7877}{0{,}167}=43{,}0$	$\dfrac{698}{264{,}2}\cdot\dfrac{0{,}8727}{0{,}125}=18{,}4$ $\dfrac{2493}{264{,}2}\cdot\dfrac{0{,}8057}{0{,}125}=60{,}8$	$\dfrac{753}{264{,}2}\cdot\dfrac{0{,}8865}{0{,}1}=25{,}3$ $\dfrac{2558}{264{,}2}\cdot\dfrac{0{,}8167}{0{,}1}=76{,}0$
$\eta_{th}=\dfrac{AL_{\text{Dehnung}}-AL_{\text{Verdichtung}}}{Q_1}$	$\dfrac{244-61}{442}=0{,}415$	$\dfrac{292-79}{463}=0{,}46$	$\dfrac{332-96}{477}=0{,}494$
Mittlerer Druck des ideellen Diagramms $p_m=\dfrac{\eta_{th}\cdot Q_1\cdot A}{10000\,(V_1-V_2)}$	$\dfrac{0{,}415\cdot442}{10000\cdot427\left(1-\dfrac{1}{6}\right)}=9{,}4$	$\dfrac{0{,}46\cdot463}{10000\cdot427\cdot\left(1-\dfrac{1}{8}\right)}=10{,}4$	$\dfrac{0{,}494\cdot477}{10000\left(1-\dfrac{1}{10}\right)\cdot427}=11{,}4\,\text{kg/cm}^2$

Wirkungsgrad von 33% gegenüber einem solchen von 30% bei $\varepsilon = 7$ erzielt werden konnte. Mit steigender Verdichtung wachsen aber auch die Zünddrücke stark an, wobei der Lauf der Maschine unruhig wird. Im allgemeinen bleibt man bei Gasmaschinen unter einem Zünddruck von 35 kg/cm². Dies entspricht somit einer Verdichtung von $\varepsilon = 8$.

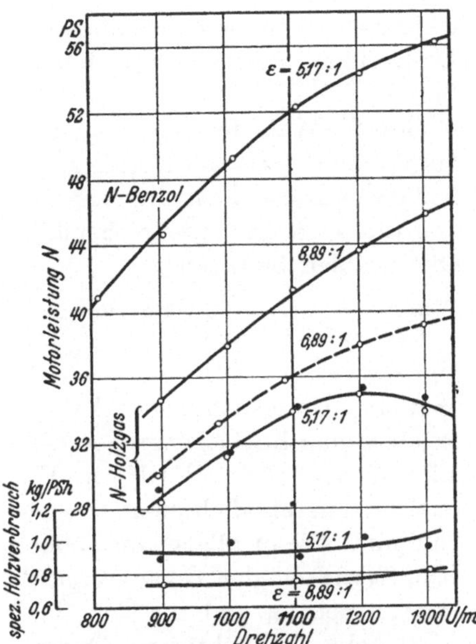

Abb. 22. Motorleistung und spezifischer Holzverbrauch bei verschiedenen Verdichtungsverhältnissen und Drehzahlen.

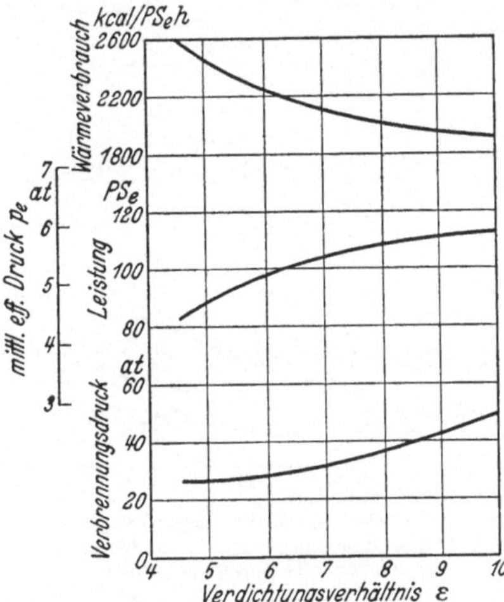

Abb. 23. Leistung, Wärmeverbrauch und Verbrennungsdruck bei verschiedenen Verdichtungsverhältnissen.

Nur bei einer Umstellung von Dieselmotoren auf Gasbetrieb lassen sich höhere Verdichtungsverhältnisse entsprechend der stärkeren Bemessung des Triebwerks verwenden. Nach eigenen Untersuchungen an einem 6 Zylinder-Versuchsmotor ($D = 116$, $s = 150$, $n = 1000$) brachte eine Steigerung der Verdichtung von $\varepsilon = 5,6$ auf 8,2 eine Erhöhung des Zünddruckes von 26 auf 34 kg/cm².

Abb. 24 zeigt Versuchswerte an einem umgebauten 6 Zylinder-Fahrzeugdieselmotor $D = 110$, $s = 165$, $n = 1600$ unter

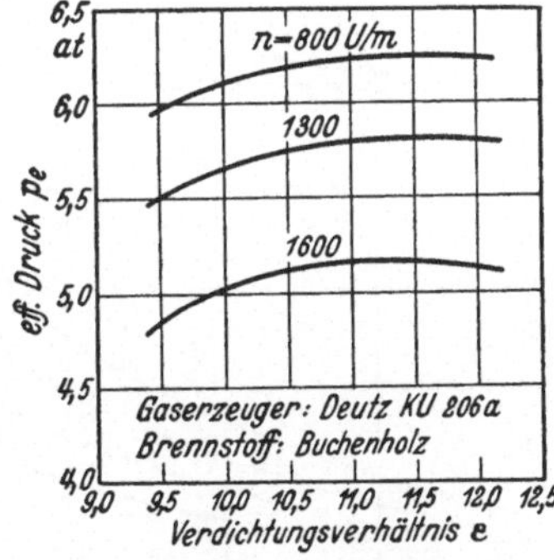

Abb. 24. Einfluß des Verdichtungsverhältnisses auf den effektiven Druck bei verschiedenen Drehzahlen.

Verwendung von Holzgas. Bei höheren Drehzahlen sanken infolge des zündträgen Gases die effektiven Drücke erheblich ab.

Ein derartiger Abfall kann außerdem durch größere Vorzündung etwas gemildert werden. Den Einfluß der Vorzündung zeigen die

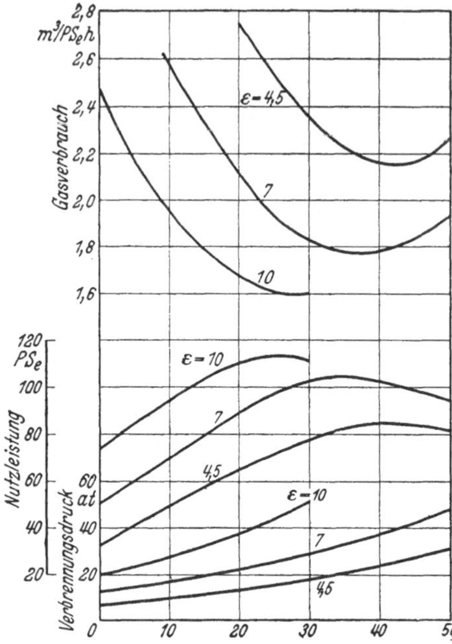

Abb. 25. Leistung, Gasverbrauch, Verbrennungsdruck bei verschiedenen Verdichtungsverhältnissen und Zündzeitpunkten.

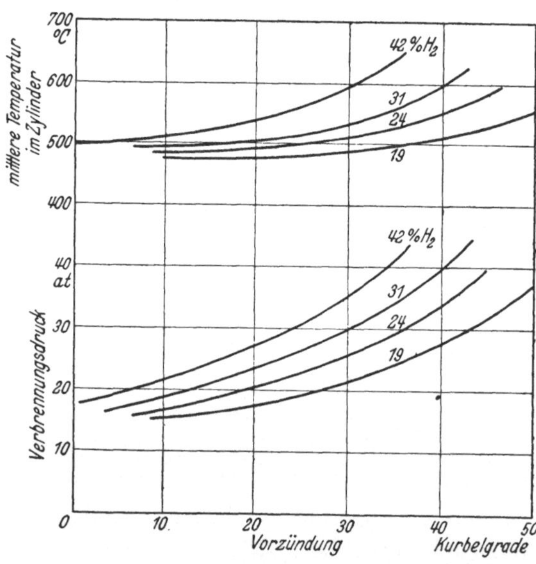

Abb. 26. Verbrennungsdruck und Mitteltemperatur im Zylinder bei Sauggas mit verschiedenem Wasserstoffgehalt.

Abb. 25 bis 27. Diese Werte beziehen sich auf dieselbe Maschine wie Abb. 23. Die günstigste Vorzündung liegt demnach zwischen 30 und 40°, kann aber bei höheren Drehzahlen noch etwas höher liegen.

Für die Wahl des Verdichtungsverhältnisses ε ist die Klopffestigkeit der einzelnen Gaskomponenten von Interesse. Die entsprechenden Oktanzahlen betragen[1]:

Wasserstoff . . . 66 Oktaneinheiten
Kohlenoxyd . . . 100   ,,
Methan. 103   ,,

Weitere Untersuchungen haben ergeben, daß in Gasgemischen der Einfluß von CO und CH_4 in H_2 nach einem parabolischen Gesetz zunimmt. Die im allgemeinen hohe Klopffestigkeit der Generatorgase ermöglichen an und für sich eine hohe Verdichtung. Davon macht man beim Diesel-Gasverfahren Gebrauch (s. J 4). Beim Otto-Betrieb ist durch den Glühwert der Zündkerze eine Grenze gezogen. Diese liegt im allgemeinen bei $\varepsilon = 8$. Bei sehr wasserstoffreichem Gas wachsen die Kerzenschwierigkeiten (s. J 3). In diesem Fall empfiehlt es sich, mit der Verdichtung auf $\varepsilon - 7$ bis 7,5 zurückzugehen.

Besonders interessant sind die Abb. 26 und 27, in denen Versuchsergebnisse über den Einfluß des Wasserstoffgehaltes auf die Zündeigenschaften des Gases in der

[1] Kraftstoff 1941 S. 71/73 und 107—110.

Maschine dargestellt sind. Durch künstlichen Wasserstoffzusatz wurde das Sauggas angereichert und damit die Zündeigenschaft verbessert. Dies bewirkt bei gleicher Vorzündung eine Steigerung des Zünddruckes und auch der mittleren Temperatur im Zylinder. Den Einfluß auf die Leistung zeigt Abb. 27.

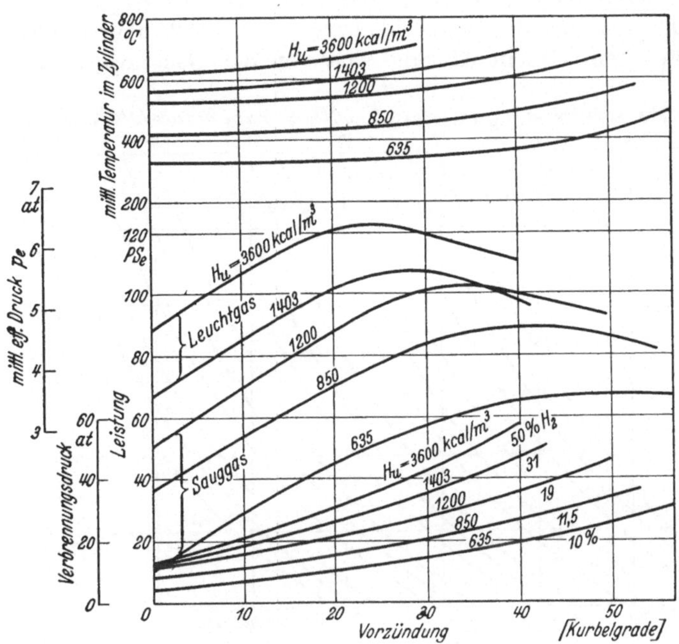

Abb. 27. Leistung, Verbrennungs- und Mitteltemperatur im Zylinder bei Gasen mit verschiedenem Heizwert.

Daraus geht hervor, daß günstige Zündeigenschaften nur von einem bestimmten Wasserstoffgehalt an zu erwarten sind. Dieser Mindestgehalt dürfte besonders mit Rücksicht auf die hohen Drehzahlen neuzeitlicher Fahrzeugmotoren etwa zwischen 12 und 16% liegen. Ist der Anteil niederer, so werden die Leistungsergebnisse bei höheren Motordrehzahlen immer unbefriedigend bleiben. Über den Einfluß des Wasserstoffgehaltes auf die Zündeigenschaften s. Abschnitt D 1.

3. Temperatur und Druck in der Gasleitung, Gemischbildung.

In den beiden vorhergehenden Abschnitten wurde die Abhängigkeit der Motorleistung von dem Gemischheizwert und der Verdichtung gezeigt. Dabei bezog sich der Gemischheizwert auf trockenes Gas. In Wirklichkeit enthalten jedoch alle Gase, die in Gaserzeugern gewonnen werden, noch eine gewisse Feuchtigkeit, die den Dampfgesetzen entsprechend von der Gastemperatur abhängig ist. Gleichzeitig wird der

Gemischheizwert noch durch den Ansaugeunterdruck in der Gasleitung beeinflußt. Die prozentuale Verminderung des Gemischheizwertes in Abgängigkeit von der Gas- und Lufttemperatur und dem Unterdruck in der Gasleitung zeigt Abb. 28[1]. Dabei wurde angenommen, daß das Gas mit 100%, wie es praktisch immer zutrifft, und die Luft mit durchschnittlich 50% Wasserdampf gesättigt ist. In der Abb. 29[1] ist die theoretische Abnahme des Gemischheizwertes bei trockenem und wasserdampfgesättigtem Gas in Abhängigkeit von der Gastemperatur allein

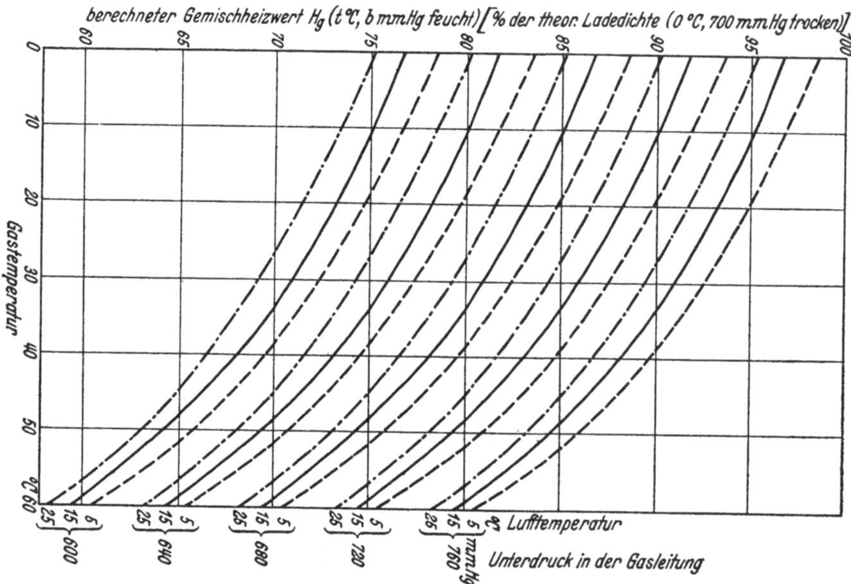

Abb. 28. Berechneter Gemischheizwert in Prozent der theoretischen Ladedichte in Funktion der Gas- und Lufttemperatur sowie des Druckes. Gas 100%, Luft 50% wasserdampfgesättigt. Luftbedarf des Gases 1 m³/m³.

dargestellt. Die Aufgabe besteht also praktisch darin, das Gas soweit als möglich herunterzukühlen. Die Erfahrung lehrt, daß es selbst bei hohen Außentemperaturen und hoher Beanspruchung (starker Steigungen) möglich ist, eine Gastemperatur von 40° C zu erreichen. Letzteres ist eine Frage der Bemessung der Kühlflächen, wobei auf den Abschnitt G verwiesen werden soll. Bei 40° Gastemperatur hält sich die Verminderung des theoretischen Gemischheizwertes bei 0° und 760 mm Hg um etwa 3 bis 4% in erträglichen Grenzen[2].

Versuchsmäßig wurde vom Verfasser der Einfluß des Gasdruckes vor der Maschine allein bei einer Gastemperatur von 40° C und gleich-

---

[1] Nach Dr. Tobler: Techn. Hochschule Zürich.

[2] Weitere Angaben über Leistungsvermögen bei höheren Gastemperaturen siehe Mehlig: Z. VDI 1936 S. 301.

bleibender Motordrehzahl untersucht (Abb. 30). Das Gas wurde der Maschine zugedrückt, es wurde also mit Druckgas gearbeitet. Diese gemessenen Werte stimmen ziemlich weitgehend mit den theoretisch zu erwartenden überein. Der Unterdruck in der Gasleitung hängt im praktischen Betrieb von den Widerständen in der Gasleitung und vor allem in den Reinigungseinrichtungen ab und liegt in den meisten Fällen zwischen 500 und 1000 mm WS. Somit muß in Wirklichkeit mit einer Leistungsverminderung gegenüber der Leistung bei 760 mm Hg von 4 bis 11% gerechnet werden.

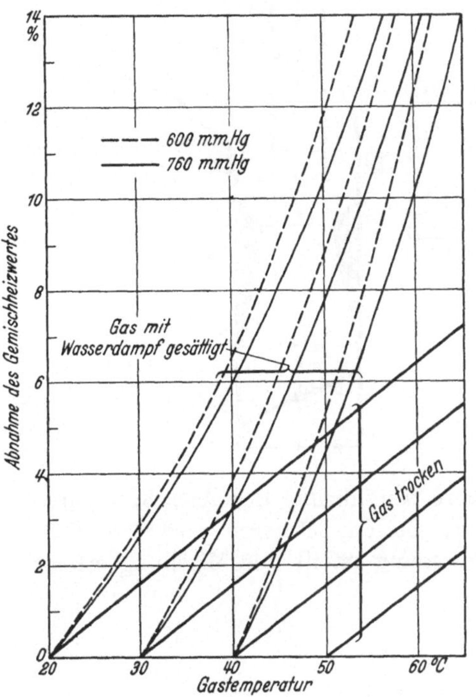

Abb. 29. Abnahme des Gemischheizwertes vom Gas, das gesättigt an Wasserdampf ist bzw. dessen Wassergehalt konstant bleibt, in Funktion der Gastemperatur, bezogen auf die Vergleichstemperaturen 20, 30 und 40° C.

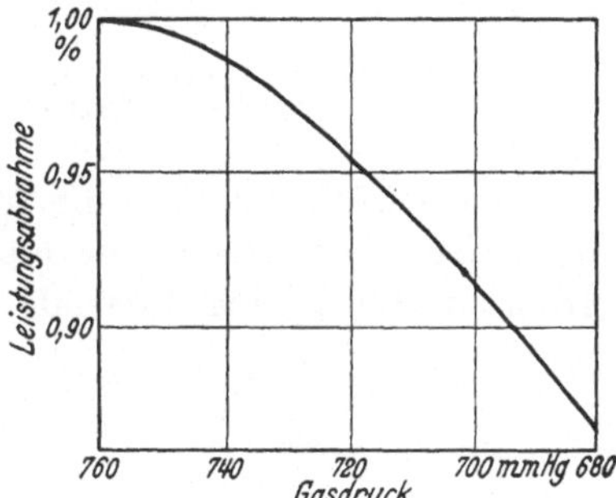

Abb. 30. Leistungsabnahme in Abhängigkeit vom Gasdruck vor der Maschine.

Daraus ist ersichtlich, daß bei Sauggasbetrieb vor allem durch Verminderung der Widerstände in der Gasleitung und den Reinigern noch ein erheblicher Leistungsgewinn zu erzielen ist, denn bisweilen liegen die Unterdrücke noch weit höher. Es wurden schon Unterdrücke bis 2000 mm WS und darüber gemessen. Daß sich hierbei eine durchaus unzureichende Motorleistung ergeben muß, ist leicht verständlich.

Ein weiterer Leistungsgewinn ist mit einer richtigen Ausbildung der Gas-Luft-Mischvorrichtungen und der Form der Ansaugeleitungen zu erzielen.

Aufgabe der Mischdüse ist es, eine innige Mischung von Luft und Gas mit möglichst geringen Strömungsverlusten zu ermöglichen. Gleichzeitig soll sich die Düse weitgehend der veränderlichen Gasentnahme selbsttätig anpassen, damit die erforderliche Nachregulierung der Luft auf das äußerst notwenige Maß herabgedrückt wird.

Es wurde daher allgemein die in Abb. 31a dargestellte Düse mit radialem Lufteintritt verlassen, da infolge des Aufeinanderprallens von Gas- und Luftstrom Verluste auftraten. Außerdem ergab diese Ausführung eine nur mangelhafte Vermischung.

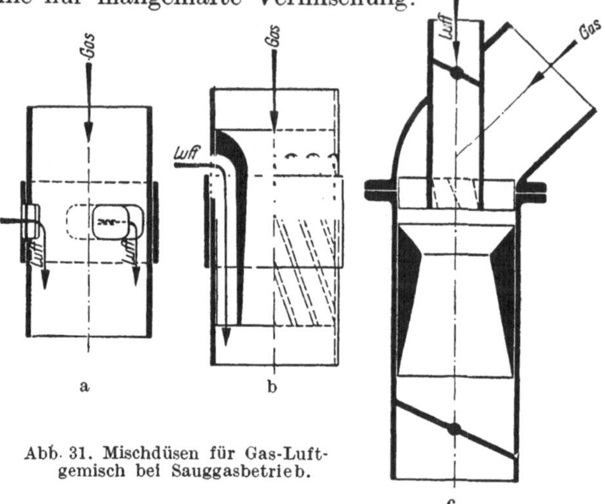

Abb. 31. Mischdüsen für Gas-Luftgemisch bei Sauggasbetrieb.

Vom Verfasser wurde die frühere Ausführung der Abb. 31b durch die in Abb. 31c dargestellte ersetzt. Bei der letzteren wird dem Gasstrom zusätzlich eine drehende Bewegung erteilt, die Mischung erfolgt

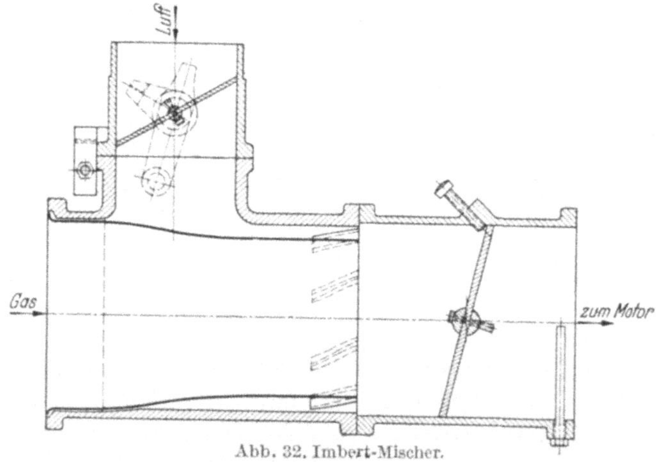

Abb. 32. Imbert-Mischer.

an der Stelle größter Geschwindigkeit. In dem anschließenden Diffusor wird ein Teil der Geschwindigkeitsenergie zurückgewonnen, so daß der Druckverlust in dem Mischer auf das geringste Maß beschränkt bleibt.

Bei der Ausführung von Imbert (Abb. 32) ist die Strömung von Gas und Luft an der Mischstelle ebenfalls gleichgerichtet, wobei der

Luft zwecks besserer Durchmischung mittels eingebauter Rippen eine drehende Bewegung erteilt wird.

Der Solex-Gasmischer ist in Abb. 33 dargestellt. Luft und Gas besitzen vor der Mischstelle ebenfalls gleiche Strömungsrichtungen. Der Mischer gibt die Möglichkeit, dem Gas-Luftgemisch beim Anlassen oder während des Betriebs Vergaserkraftstoff zuzusetzen. Im Ruhezustand ist die Brennstoffdüse durch eine federbelastete Nadel abgeschlossen und wird durch den Ansaugeunterdruck des Motors geöffnet. Die Düse ist so bemessen, daß die austretende Brennstoffmenge eben für den Motorleerlauf ausreicht. Mehr Brennstoff kann nicht gegeben

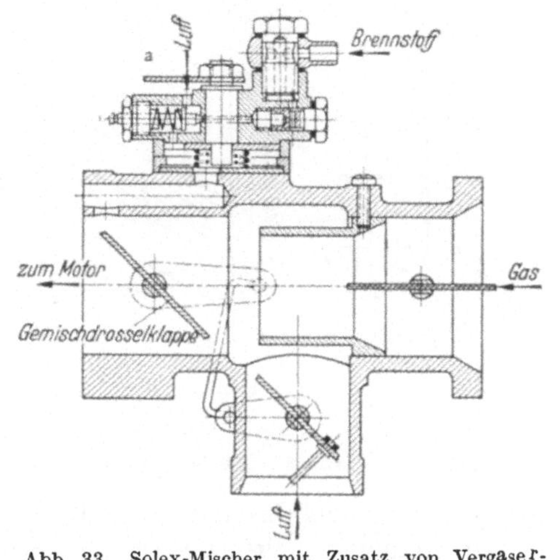

Abb. 33. Solex-Mischer mit Zusatz von Vergaserkraftstoff durch Betätigen des Hebels „a".

werden. Mittels der Klappe am Gaseintritt kann die Gasleitung zum Anlassen mit flüssigem Brennstoff abgesperrt werden. Gleichzeitig ist am

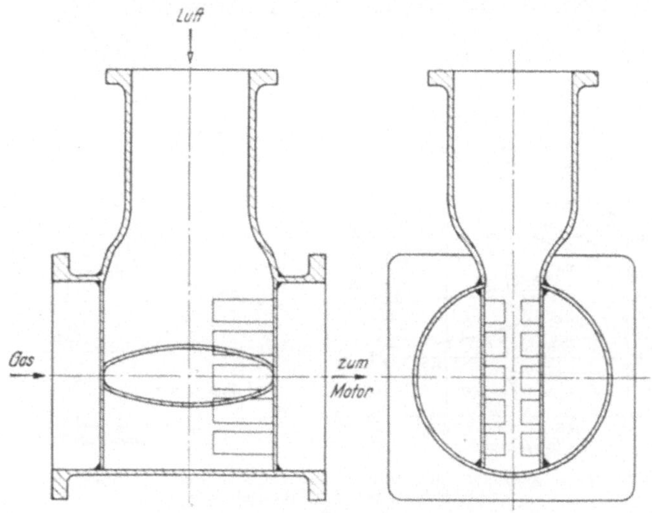

Abb. 34. Gasmischer Bauart Dr. Rixmann.

Mischer noch ein Anschlußstutzen mit Absperrklappe zum Anschluß des Anfachgebläses angebracht. Mit der in Abb. 34 dargestellten Bauart Dr. Rixmann konnten recht günstige Ergebnisse erzielt werden.

Abb. 35[1] zeigt den Einfluß der Gasgeschwindigkeit an der Mischungs-
stelle von Gas und Luft. Die günstigsten Verhältnisse lassen sich nur

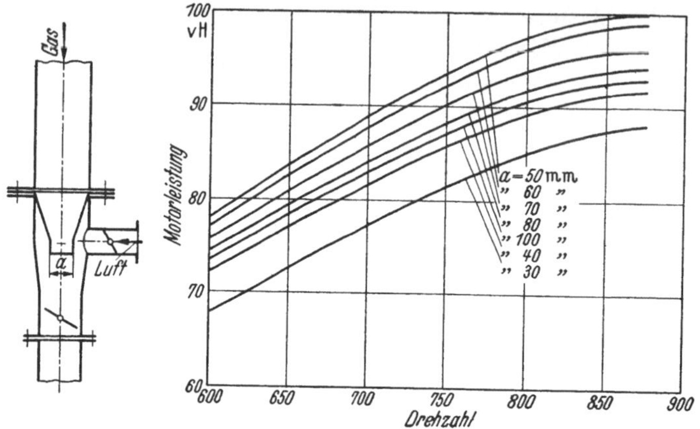

Abb. 35. Mischdüsenuntersuchung am 25 PS-Gasbulldog.

durch den Versuch bestimmen und sind abhängig von den Unterdruck-
und Strömungsverhältnissen in der Gasleitung.

Untersuchungen über verschiedene Formen der Ansaugerohre zeigten,
daß auch durch Maßnahmen, die eine
gleichmäßige Füllung der einzelnen Zylinder bewirken, die Motorenleistung im

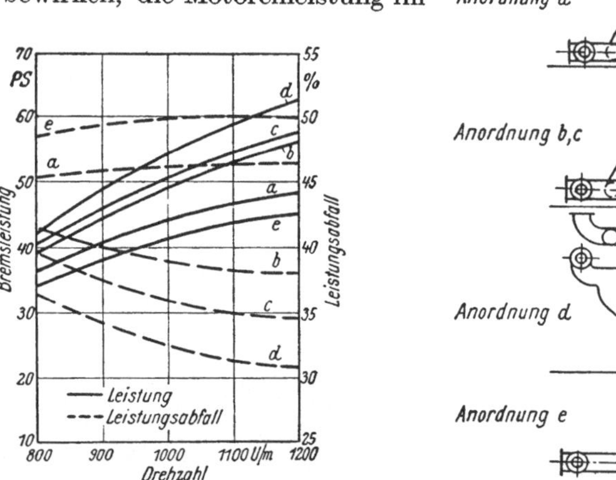

Abb. 36. Einfluß verschiedener Ansaugerohre auf Leistung und Leistungsabfall gegenüber der
Soll-Leistung bei Benzinbetrieb ($\varepsilon = 5{,}6$).

günstigen Sinne beeinflußt werden kann. Die üblichen Ansaugerohre
haben zum Teil stark abweichende Zylinderfüllungen ergeben. Dies
wurde mittels einer Meßfunkenstrecke festgestellt, die parallel zur

---

[1] Werksversuche von Lanz, Mannheim.

Zündkerze geschaltet wird. Die Unterschiede in der Zündspannung der einzelnen Zylinder, kenntlich an der Schlagweite des Funkens, lassen auf eine unterschiedliche Füllung der Zylinder schließen.

Leistungsuntersuchungen, die vom Verfasser an verschiedenen Ansaugerohren durchgeführt wurden, zeigt Abb. 36. Die dabei sich ergebenden Unterschiede waren recht erheblich. Die günstigsten Werte der Anordnung d wurden dadurch erzielt, daß die Gasgemischwege von der Mischdüse zu den einzelnen Zylindern möglichst gleich lang gemacht und durch schlanke Bogenstücke in der Leitung jede Prallwirkung vermieden wurde. Gleichzeitig konnte durch Trennung des Ansaugerohres in zwei Hälften der Einfluß der Überschneidung der Ventilöffnungszeiten verringert werden. Eine derartige Überschneidung kann ebenfalls eine ungleiche Zylinderfüllung bewirken.

Zusammenfassend kann gesagt werden, daß gerade das heizwertarme Sauggas dringend die Beachtung aller noch so unwichtig erscheinenden Einflüsse verlangt, um eine zufriedenstellende Motorleistung zu erreichen.

E. Leistungsmessungen.

Um vergleichbare Werte zu erhalten, müssen die Versuche jeweils unter denselben Versuchsbedingungen durchgeführt werden. Zunächst muß der Gaserzeuger im Beharrungszustand sein. Bei den Hochleistungs-Gaserzeugern mit den verhältnismäßig kleinen Füllräumen ist dies nur bei der Vergasung von Anthrazit und Schwelkoks möglich, während besonders bei der Vergasung teerhaltiger Brennstoffe von einem Beharrungszustand des Gaserzeugers kaum gesprochen werden kann. Im letzteren Falle kann man nur dann Vergleichswerte erhalten, wenn der zeitliche Verlauf des Versuchs vor Beginn der Messung derselbe ist. Selbst bei sorgfältigster Versuchsdurchführung streuen die Ergebnisse erfahrungsgemäß stets, so daß es unmöglich ist, dieselbe Meßgenauigkeit wie bei flüssigem Brennstoff zu erzielen.

Selbst wenn der Gaserzeuger im Beharrungszustand ist, wird die Messung noch durch eine Reihe anderer Größen beeinflußt. In der Hauptsache sind dies:

1. Druckverlust im Gaserzeuger.
2. Betriebszustand des Gaserzeugers.
3. Gleichmäßiges Nachrutschen des Brennstoffes.
4. Brennstoffbeschaffenheit (Feuchtigkeit, Stückgröße).
5. Druckverlust in der Reinigungsanlage.
6. Gastemperatur vor dem Motor.
7. Feuchtigkeit des Gases.

Zu einem Vergleich einzelner Ergebnisse sind also stets eine große Anzahl der verschiedensten Meßgrößen notwendig.

Soweit bei den im folgenden wiedergegebenen Versuchsergebnissen nichts anderes vermerkt ist, handelt es sich um eigene Messungen des Verfassers. Als Versuchsmotor diente ein Büssing-Otto-Motor mit einem Hub von 160 mm und einem Zylinderdurchmesser von 126 mm. Das Verdichtungsverhältnis war bei allen Versuchen $\varepsilon = 8$. Die Zusammensetzung des Gases wurde laufend durch einen Mono-Analysenschreiber der Firma Maihak, Hamburg, ermittelt und durch einzelne Handanalysen kontrolliert. Der Monoapparat zeichnet selbsttätig wechselweise den Gehalt an Kohlensäure und die Summe der brennbaren Bestandteile oder den Wasserstoffgehalt auf. Bei sorgfältiger Überwachung des Monoapparates, insbesondere bei regelmäßiger Nullpunktkontrolle, waren die aufgezeichneten Analysenwerte recht zuverlässig. Neben den normalen Druck- und Temperaturmeßgeräten wurde noch ein Gasmengen- und ein Heizwertschreiber verwendet, so daß man aus den Aufzeichnungen der Apparate und aus den Druck- und Temperaturmessungen eine gute Übersicht über den Versuchsablauf gewinnen konnte. Zum Messen des Brennstoffverbrauchs stand der Gaserzeuger auf einer Waage, und zwar fest. Von einem Einbau des Gaserzeugers in eine Rüttelvorrichtung, wie andernorts teilweise für Prüfstandsversuche verwendet, wurde Abstand genommen, da durch eine solche die Fahrzeugerschütterungen doch nicht nachgeahmt werden können und der Gang des Gaserzeugers weit nachteiliger beeinflußt wird als im Fahrzeug.

Neben der Messung der erzielbaren Motorleistung ist noch die Feststellung der unteren und oberen Grenzbelastung des Gaserzeugers von Wichtigkeit. Die untere Grenzlast ist die, bei der die Gasqualität eine noch festzusetzende Grenze unterschreitet. Diese hängt außer von der Bauart des Gaserzeugers von der verwendeten Brennstoffart, der Feuchtigkeit und der Stückgröße des Brennstoffes ab. Die zulässige untere Grenze wird am zweckmäßigsten nach dem Gehalt des Gases an brennbaren Bestandteilen vorgenommen. Nehmen diese mehr und mehr ab, so sinkt die Zündfähigkeit des Gases, die Zündkerzen des Motors kühlen sich unter die zu ihrer Reinhaltung notwendige Temperatur ab und setzen aus. Außerdem läßt sich das Fahrzeug mit zu schlechtem Gas nicht mehr beschleunigen, da beim plötzlichen Übergang auf höhere Belastungen die Gefahr des Abreißens der Gassäule besteht. Als untere Grenze der brennbaren Bestandteile des Gases können erfahrungsgemäß 22 bis 24% angegeben werden. Aufgabe des Versuchs ist es, die Gasbelastung zu ermitteln, bei der dieser Wert unterschritten wird.

Nach oben ist die Belastungsgrenze schwieriger festzulegen. Bei Abwärtsvergasung ist diese im wesentlichen durch die Holzkohlen- bzw. Koksnachbildung gegeben. Bei dauernder Überlastung wird in der Zeiteinheit mehr Holzkohle bzw. Koks verbrannt, als sich in derselben Zeit neu bildet, das Niveau sinkt ab und das Gas wird langsam schlechter. Bei aufsteigender oder Quervergasung ist die obere Lastgrenze durch die Verschlackung gegeben.

Holzgaserzeuger. Von größtem Einfluß auf die Gaszusammensetzung und somit auf die Motorleistung ist die Holzfeuchtigkeit. Diese Abhängigkeit zeigt Abb. 37[1]. Von einer Holzfeuchtigkeit von etwa 25% ab verschlechtert sich das Gas sehr rasch. Außerdem wachsen auch die Betriebsschwierigkeiten infolge Neigung zum Naßwerden der Zündkerzen, schweres Anspringen des Motors, Trägheit gegenüber wechselnder Last (s. J 7). Somit kann dies als größte zulässige Holzfeuchtigkeit angesehen werden.

Der Henschel I-Motor mit Luftspeicher ergibt ein Leistungsverhalten nach Abb. 38[2]. Diese Werte wurden mit Holzgas vom $H_u = 1310$ kcal/Nm^3, also einem sehr günstigen Heizwert, erreicht. Dabei verhalten sich bei 1200 Umdrehungen die erzielbaren Leistungen bei reinem Diesel/Dieselholzgas/Ottoholzgas wie $1:0,83:0,71$. Dabei ist zu erwähnen, daß der Henschelmotor infolge des Diesel - Lanova - Verfahrens im reinen Dieselbetrieb eine besonders günstige Leitung ergibt, so daß der angegebene Leistungsverlust im Holzgasbetrieb dabei durchschnittlich hoch erscheint. Die günstigste Luftüberschußzahl liegt wenig über 1. Diese Zahl wird beeinflußt von der Motorbauart und liegt im praktischen Fahrbetrieb etwa bei 1,1.

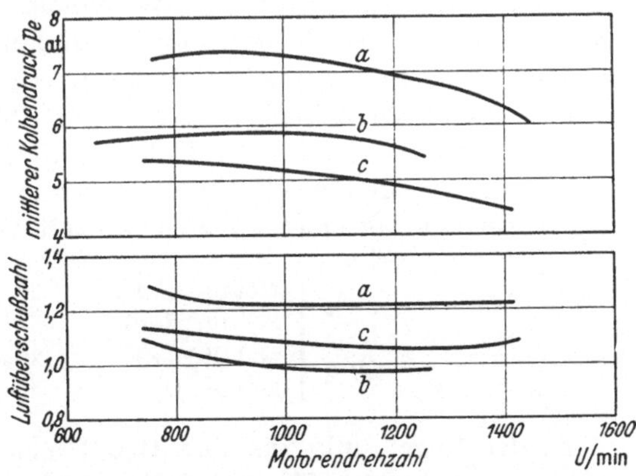

Abb. 37. Gaszusammensetzung in Abhängigkeit von der Holzfeuchtigkeit (Kiefern — Reiser — Knüppel), Imbert-Gaserzeuger.

Abb. 38. Mittlerer Kolbendruck und Luftüberschuß in Abhängigkeit von der Motordrehzahl. Unterer Heizwert des Holzgases $H_u = 1310$ kcal/Nm^3 *a* Dieselbetrieb im Originalzustand des Motors, *b* Diesel-Holzgasbetrieb $\varepsilon = 13,5$, *c* Otto-Holzgasbetrieb $\varepsilon = 8,4$.

---

[1] Lutz: Feuerungstechn. 1941 S. 113.   [2] Rixmann: Z. VDI 1941 S. 113.

5*

Zwecks Feststellung der oberen Leistungsgrenze bei einem Holzgaserzeuger wird vom Verfasser auf Grund praktischer Erfahrungen folgendes Verfahren in Anwendung gebracht.

Wird ein Holzgaserzeuger langsam stärker belastet, so wird das Gas besser, und zwar bis zu der Grenzbelastung, bei der der Abbrand der Holzkohle mit ihrer Neubildung im Gleichgewicht ist. Wird mehr Holzkohle verbrannt, so ist der Gaserzeuger überlastet, das Gas wird langsam schlechter. Um dies festzustellen, wird die Motordrehzahl bei Vollgas um je 100 Umdrehungen von 3 zu 3 min erhöht. Innerhalb dieser Zeit stellt sich der Gaserzeuger mit Sicherheit auf die neue Belastung ein. Nach Erreichen einer bestimmten Höchstdrehzahl werden die Drehzahlen in genau denselben zeitlichen Abständen wieder verringert. Liegt dieser Kurvenast niedriger als der aufsteigende, so läßt dies auf eine Überlastung des Gaserzeugers schließen. Durch Wiederholen des Versuchs bis zu einer niederen Höchstdrehzahl, nach der die absteigende Kurve nicht mehr unter der ansteigenden liegt, läßt sich auf diese Weise die obere Grenzbelastung des Gaserzeugers für Dauerlast finden.

Abb. 39 zeigt ein derartiges Schaubild für einen Imbert-Holzgaserzeuger. Voraussetzung für die Brauchbarkeit dieses Verfahrens ist eine Bremse mit genau anzeigender Zeigerwaage, an der noch $^1/_{10}$ kg ablesbar sein müssen. Außerdem muß der Zündzeitpunkt und der Luftüberschuß jeweils auf seinen Bestwert eingestellt werden. Die obere Grenzlast ist außer von der Bauart des Gaserzeugers noch von der Brennstoffart und seiner Feuchtigkeit abhängig. Sie liegt bei einem und demselben Gaserzeuger bei Weichholzbetrieb durchschnittlich um 15 bis 18% niedriger als bei Hartholz, so daß also für reinen Weichholzbetrieb der Gaserzeuger größer gewählt werden muß als für Hartholz.

Die untere Grenzlast zeigt dieselbe Abhängigkeit wie die obere. Am meisten wird sie von der Holzfeuchtigkeit beeinflußt und liegt im allgemeinen bei keramischen Herden etwas höher als bei metallischen. Sie beträgt bei einer Holzfeuchtigkeit von

15%	{	Metall-Herd	20—25 Nm³/h
	{	keram. Herd	32 Nm³/h
30%	{	Metall-Herd	30—35 Nm³/h
	{	keram. Herd	40—45 Nm³/h

In der Regel sinkt der effektive Druck p_e mit wachsender Drehzahl ab (s. Abb. 39). Dieser Abfall ist abhängig von der Gaszusammensetzung und insbesondere vom Unterdruck vor der Maschine p_m. Weiter hat die Form des Verbrennungsraumes im Motor einen großen Einfluß. Aufgabe des Motorenbaues wird sein, diese Form der Zusammensetzung des Gases anzupassen, wie dies bei flüssigen Brennstoffen längst geschehen ist.

Braunkohlenbrikett. Nachdem es jetzt gelungen ist, auch diesen Brennstoff teerfrei zu vergasen, ohne daß im Gaserzeuger eine unzulässige Schlackenbildung eintritt, kann die Brennstoffbasis in willkommener Weise verbreitert werden, zumal Braunkohlenbrikett praktisch überall in genügenden Mengen und in gleichmäßiger Beschaffenheit zu bekommen sind.

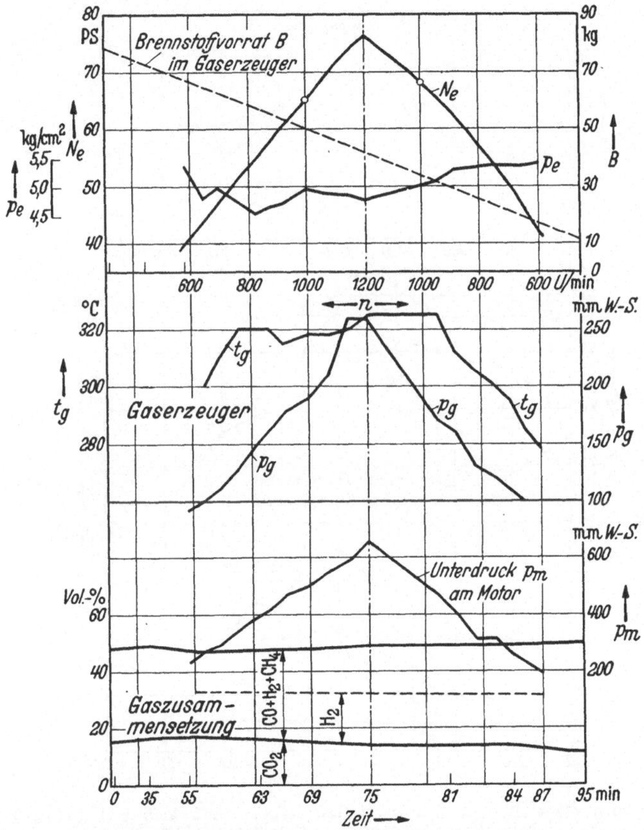

Abb. 39. Kennlinien eines Imbert-Holzgaserzeugers, Buchenstückholz, Feuchtigkeit 14,8%.

Als Stückgröße wird das normale 2-Zoll-Industriebrikett (Stückgewicht 150 g) empfohlen. Auch hier gilt das bei Holzgas Gesagte. Die Gaszusammensetzung ist auch hier abhängig von der Feuchtigkeit der Brikett. Ein Leistungsdiagramm für rheinische Braunkohlenbrikett mit einem Wassergehalt von 17% zeigt Abb. 40. Verwendet wurde dabei ein Gaserzeuger mit kleiner Lufteintrittsgeschwindigkeit.

In diesem Diagramm ist auch der spezifische Brennstoffverbrauch eingetragen. Dieser stellt den Verbrauch an aschefreiem Brennstoff

dar. Bei dem handelsüblichen Brikett läßt es sich nicht vermeiden,
daß diese teilweise zerfallen. Es muß daher der Rost in kürzeren Zeitabständen bewegt werden, wobei auch noch gewisse Mengen an unverbranntem Brennstoff ausgetragen werden. Der Rostaustrag beträgt bei
dieser Gaserzeugerbauart 17—18% des aufgegebenen Brennstoffes. Diese
Menge muß dem spezifischen Verbrauch noch zugeschlagen werden, um

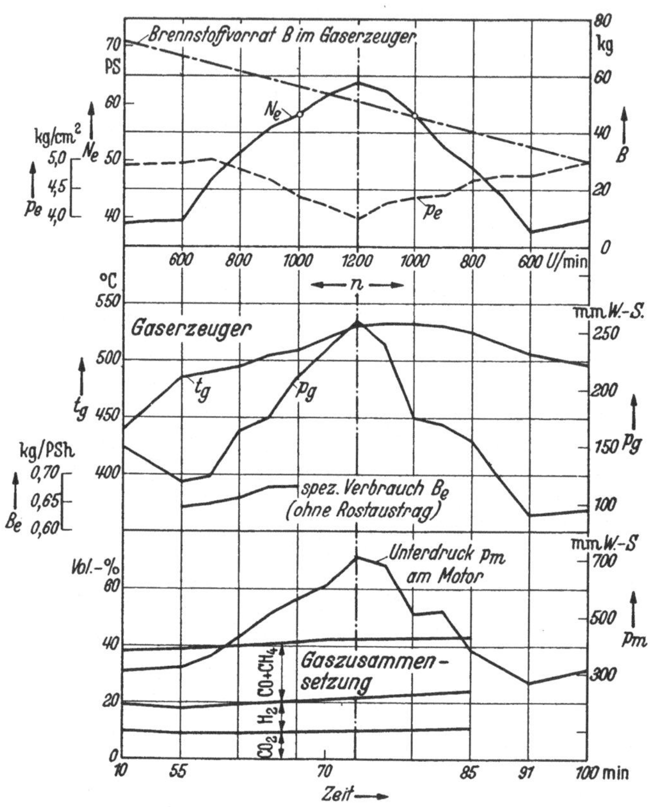

Abb. 40. Kennlinien eines Braunkohlenbrikett-Gaserzeugers, mit kleiner Lufteintrittsgeschw.,
Rhein. Braunkohlenbrikett, Feuchtigkeit 17%.

den tatsächlichen Verbrauch zu erhalten. In dem Austrag ist auch die
Asche enthalten, die ohne Schlackenbildung in loser Form anfällt.

Abb. 41 zeigt ein Leistungsdiagramm eines Randdüsengaserzeugers
mit ostelbischen Briketts. Bei diesem Brennstoff liegen die erzielten
Leistungen ein wenig unter denen mit rheinischen Briketts. Dieser
Nachteil wird jedoch durch einen gleichmäßigeren Gang des Gaserzeugers
ausgeglichen. Braunkohlengaserzeuger arbeiten durchweg mit größeren
Unterdruckschwankungen als z. B. Holzgaserzeuger. Dabei verlegt sich
mehr oder weniger rasch das Koksbett, wobei die Absaugegeschwindig-

keit des Gases aus den unteren Koksschichten von großem Einfluß ist. Zur Ausgleichung des Druckanstiegs benötigen die Braunkohlengaserzeuger einen Rüttelrost, der in gewissen Zeitabständen bedient werden muß. Diese Bedienung erfolgt vorteilhaft vom Führersitz aus. Versuchsmäßig werden die Unterdruckschwankungen im Dauerversuch bei gleichbleibender Leistung und Drehzahl auf dem Prüfstand ermittelt.

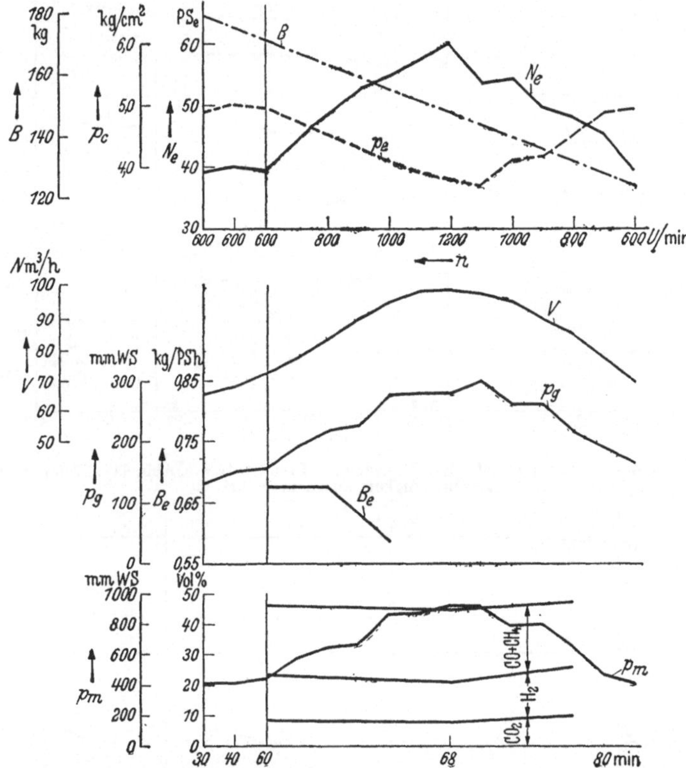

Abb. 41. Leistungskennlinien eines Braunkohlenbrikett-Gaserzeugers mit hoher Lufteintrittsgeschwindigkeit und hoher Querschnittsbelastung, Ostelbische Brikett, Feuchtigkeit 13,2 %.

Die Ergebnisse an zwei verschiedenen Gaserzeugern mit ostelbischen Briketts zeigen die Abb. 42 und 43, wobei der Gaserzeuger nach Abb. 42 mit niederen Absaugegeschwindigkeiten arbeitet. Das unterschiedliche Verhalten zweier Brikettsorten in demselben Gaserzeuger zeigt Abb. 43 und 44. Daraus geht hervor, daß die ostelbischen Briketts besser im Feuer stehen als die rheinischen. Im letzteren Falle muß infolge der stärkeren Zerfallsneigung der Briketts der Rost häufiger gerüttelt werden, was mit einem erhöhten Rostaustrag verbunden ist. Auch in diesen Schaubildern muß zu dem angegebenen Brennstoffverbrauch der Rostaustrag hinzugerechnet werden.

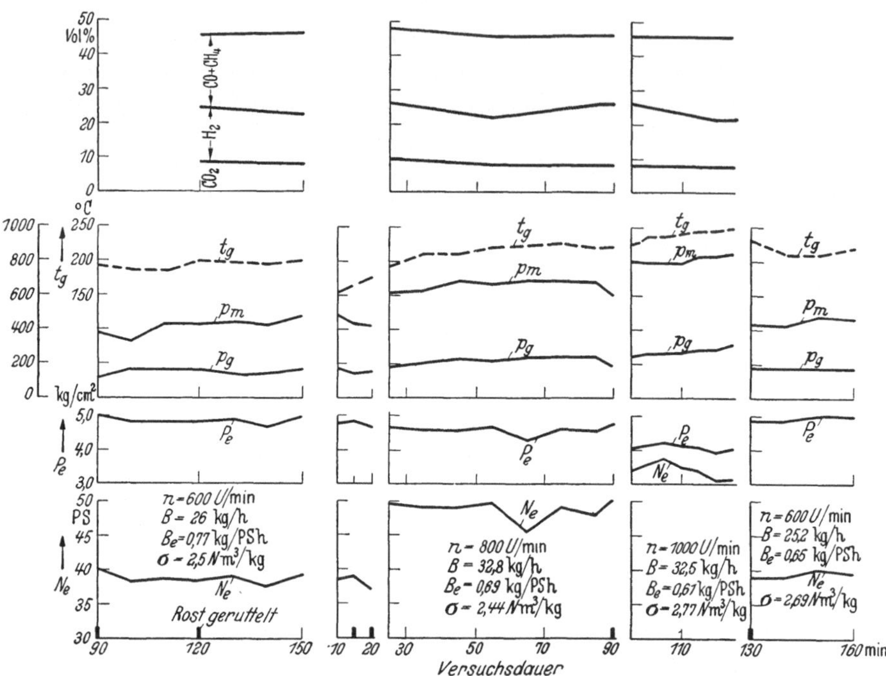

Abb. 42. Versuch bei Dauerlast. Gaserzeuger und Brennstoff wie Abb. 41. Kleine Gasaustrittsgeschwindigkeit aus dem Koksbett.

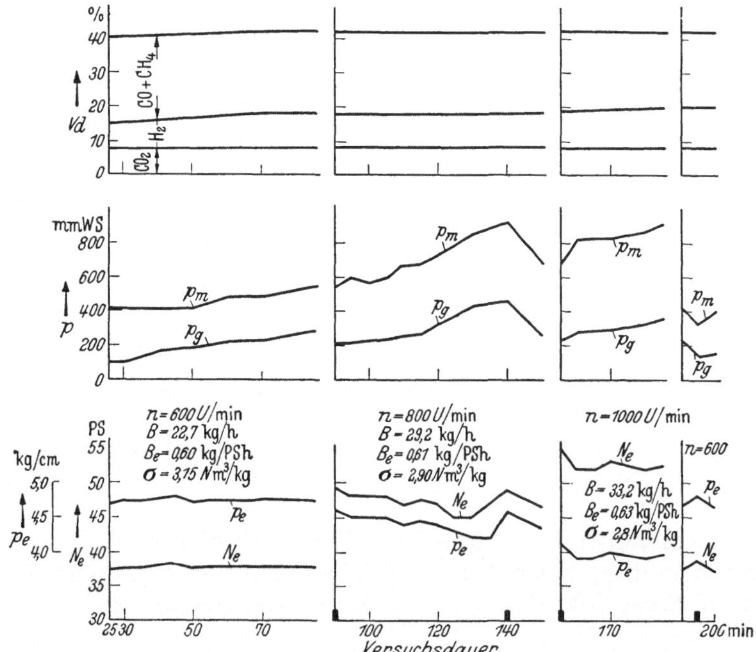

Abb. 43. Versuch bei Dauerlast. Gaserzeuger mit hoher Lufteintrittsgeschwindigkeit und mäßiger Querschnittsbelastung. Hohe Gasaustrittsgeschwindigkeit aus dem Koksbett. Ostelbische Brikett.

Das Rütteln des Rostes hat bei den Braunkohlengaserzeugern stets einen sofortigen erheblichen Leistungsanstieg zur Folge. Dieser ist einesteils bedingt durch eine Senkung des Unterdrucks, gleichzeitig steigt jedoch augenblicklich der Gasheizwert an. Dies muß man sich dadurch erklären, daß sich die Koksoberfläche infolge der verhältnismäßig hohen Standfestigkeit der Braunkohlenasche allmählich mehr und mehr mit einer Ascheschicht überzieht, die die wirksame Koksoberfläche langsam verkleinert und eine Gasverschlechterung zur Folge hat. Durch das Rütteln des Rostes werden die Koksteilchen gegen-

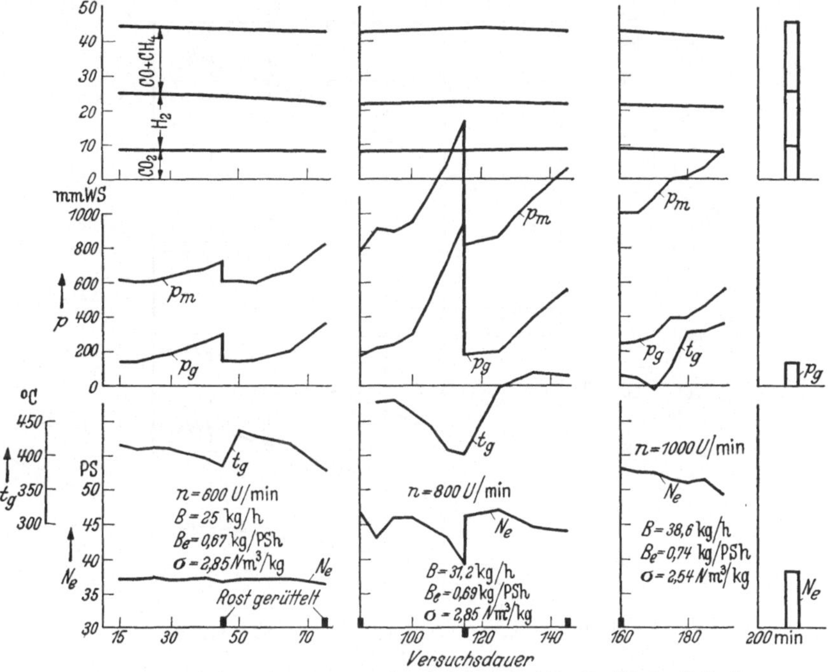

Abb. 44. Versuch bei Dauerlast. Gaserzeuger wie Abb. 43. Rhein. Brikett.

einander bewegt und die Ascheschicht zerstört. Durch die plötzliche Vergrößerung der wirksamen Oberfläche des Kokses steigt vorübergehend der Gasheizwert, um allmählich wieder abzusinken.

Die mit dem Rütteln des Rostes verbundene Leistungserhöhung verleitet den Fahrer zum häufigen Rütteln. Außer einer Erhöhung des Brennstoffverbrauchs bestehen gegen ein allzu häufiges Rütteln des Rostes so lange keine Bedenken, als der Brennstoff über der Feuerzone genügend rasch nachschwelt. Dies ist bei Gaserzeugern mit niederen Feuertemperaturen im allgemeinen nicht der Fall.

Die untere Lastgrenze liegt bei Braunkohlengaserzeugern im allgemeinen niederer als bei Holzgaserzeugern und beträgt etwa 8 bis

10% der Vollast. Wird sehr lange auf kleinen Belastungen gefahren, so werden nieder siedende Teerdämpfe mit dem Gas abgezogen. Da dieser Teer einen bedeutend niedereren Siedepunkt als solcher aus Holz und Brennstoffen auf Steinkohlenbasis hat, konnten auch bei Vorhandensein größerer Teermengen kein schädigender Einfluß auf den Motor festgestellt werden. Großenteils enthält das Braunkohlengas auch bei höheren Belastungen geringe Spuren solcher ätherischer Öle, die sich vermutlich sogar korrosionshindernd auswirken. Jedenfalls konnte bei zahlreichen Versuchen eine wesentlich geringere Korrosionsneigung

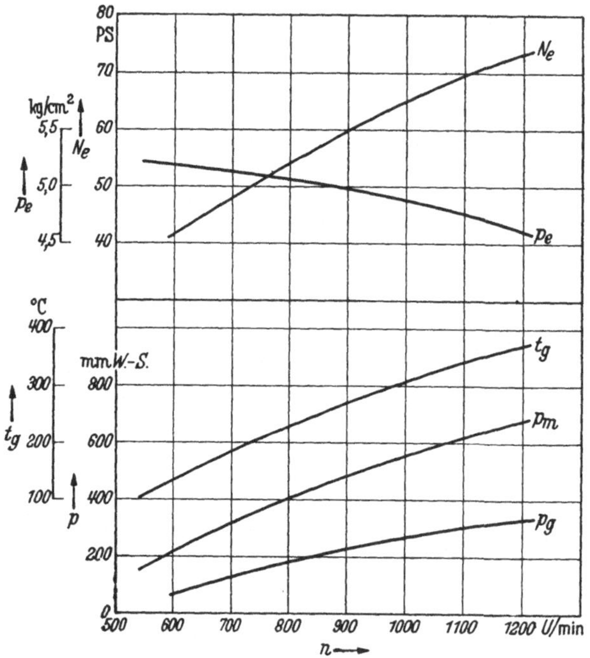

Abb. 45. Leistungskurven bei der halbnassen Vergasung. Anthrazit Nuß 4, Zeche Karl Funke (Beharrungszustand).

in den Gasleitungen, Reinigern und Motoren festgestellt werden als bei anderen fossilen Brennstoffen.

Anthrazit und Steinkohlenschwelkoks. Der Beharrungszustand ist bei diesen Brennstoffen dann erreicht, wenn der Brennstoff in der Feuerzone vollständig gegart ist. Unmittelbar nach dem Anblasen gehen die im Brennstoff enthaltenen flüchtigen Bestandteile in das Gas über und ergeben im allgemeinen ein sehr hochwertiges Gas. Nach 20 bis 40 min, je nach Belastung, ist die Garung beendet und falls beim nassen Verfahren die Dampfbildung in ausreichendem Maße eingesetzt hat, ist der Beharrungszustand des Gaserzeugers erreicht.

Die untere Grenzbelastung ist bei den einzelnen Vergasungsverfahren stark verschieden. Sie liegt beim trockenen Verfahren am niedrigsten und steigt beim nassen Verfahren im Mittel auf 20 bis 45 Nm³/h.

Abb. 45 zeigt die Verhältnisse beim halbnassen Vergasungsverfahren im aufsteigenden Gasstrom im Beharrungszustand des Gaserzeugers. Wesentlich ist dabei der Wasserdampfzusatz und der Überhitzungs-

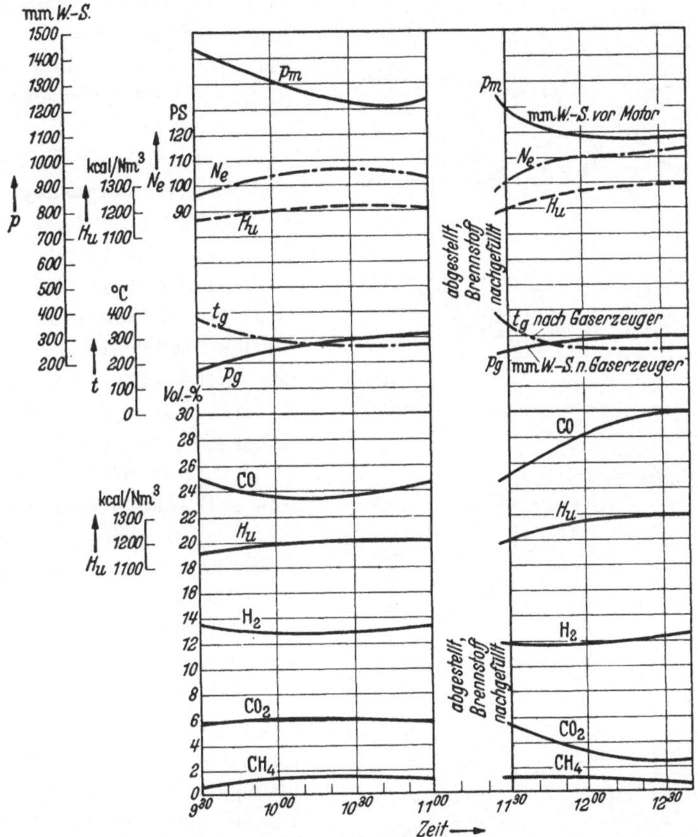

Abb. 46. Dauerversuch mit Steinkohlenschwelkoksbrikett 38 × 27 × 23 mm. Nasse Vergasung.

grad des Zusatzluft-Wasserdampfgemisches. Im vorliegenden Falle betrug die zugesetzte Wassermenge 18% des Brennstoffdurchsatzes.

Ein Versuch mit oberschlesischen Steinkohlenschwelbriketts[1] (38 × 27 × 23 mm) im nassen Vergasungsverfahren zeigt Abb. 46. Die Wasserdampfmenge betrug dabei 36,5% bis 44% des durchgesetzten Brennstoffes, der Brennstoffverbrauch 0,382 kg/PSh. Nach der Neufüllung des Gaserzeugers veränderte sich das Gas und hatte 1 Stunde

---

[1] Meider: Feuerungstechn. 1939 S. 334.

nachher seinen ursprünglichen Wert noch nicht erreicht. Dies ist darauf zurückzuführen, daß der benutzte Gaserzeuger eine mit fortschreitendem Abbrand veränderliche Brennstoffschicht hatte.

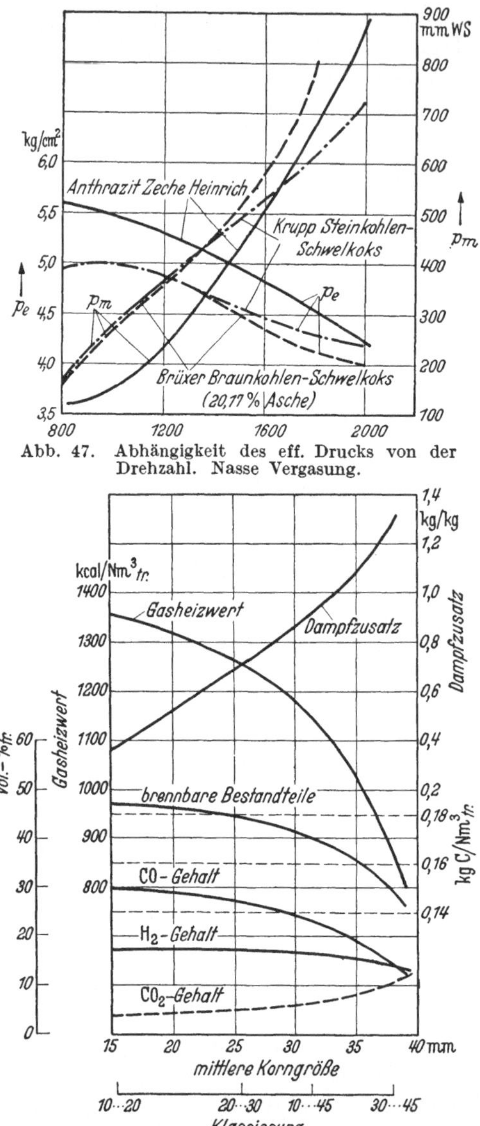

Abb. 47. Abhängigkeit des eff. Drucks von der Drehzahl. Nasse Vergasung.

Abb. 48. Einfluß der Körnung eines Schwelkokses auf die Vergasung.

Die Abhängigkeit des effektiven Druckes von der Drehzahl bei drei verschiedenen Brennstoffen zeigt Abb. 47. Bei diesen Versuchen wurde ein nasser Drehrostgaserzeuger verwendet.

Den Einfluß der Korngröße bei nasser Vergasung von Steinkohlenschwelkoks ist in Abb. 48[1] wiedergegeben. Mit wachsendem Korn wird das Gas zuerst langsam, dann rascher schlechter. Infolge der gleichzeitig wachsenden Feuerraumtemperaturen stieg dabei gleichzeitig der Dampfzusatz. Dies dürfte ebenfalls mit zur Gasverschlechterung beigetragen haben. Die obere Belastungsgrenze ist durch die Verschlackungsgefahr gezogen. Mit der Belastung steigt jedoch in zunehmendem Maße die Gasaustrittstemperatur t_g am Gaserzeuger. Die Abhängigkeit vom t_g von der Belastung ist hier viel eindeutiger als bei der absteigenden Vergasung beim Holzgaserzeuger. Die Grenztemperatur beträgt im Mittel etwa $t_g = 400°$ C. Danach kann auch im Fahrzeug die obere Belastungsgrenze des Gaserzeugers festgestellt werden.

Die Leistungsmessungen zeigen, daß außer den auf S. 65 genannten Einflüssen die Gaszusammensetzung bestimmend für die Motorleistungen

[1] Rammler: Bericht an den Reichskohlenrat D 83 VDI-Verlag 1938.

ist. Der Verbrennungsverlauf des Gas-Luftgemisches wird außerdem stark von der Motordrehzahl beeinflußt. In allen Fällen besitzt der effektive Druck p_e einen Größtwert bei einer verhältnismäßig niederen Drehzahl. Mit wachsender Drehzahl nimmt er jedoch stets ab. Dieses Absinken ist bei jedem Motor verschieden und vor allem abhängig von der Form des Verbrennungsraumes im Motor, dem Sitz der Zündkerzen, den Ventilquerschnitten, dem Unterdruck des Gases u. a. Von Interesse ist ferner die Abhängigkeit des effektiven Druckes von der Gaszusammensetzung und damit vom Gemischheizwert. Eine neue leichter als der Gemischheizwert zu bestimmende Bezugsgröße ist die algebraische Summe der brennbaren Gasbestandteile, ausgedrückt in Volumenprozenten, die nahezu verhältnisgleich dem Gemischheizwert ist. Einer großen Zahl von Meßversuchen wurden die entsprechenden Größen entnommen und der effektive Druck bzw. das Druckverhältnis in Abhängigkeit von den brennbaren Gasbestandteilen gebracht. Der jeweilige effektive Druck p_e wurde zu einem Normaldruck $p_{en} = 5{,}35 \ \mathrm{kg/cm^2}$ ins Verhältnis gesetzt, der sich bei einem Gas von 38% brennbaren Bestandteilen ergibt. Die nachstehenden Zahlenangaben beziehen sich auf nahezu gleichbleibenden Unterdruck in der Ansaugeleitung:

Brennbare Bestandteile %	$\dfrac{p_e}{p_{en}}$	Gemischheizwert bei $\lambda = 1{,}1$
44	1,5	605
38	1	575
35	0,94	540
32	0,9	515
30	0,86	500
25	0,80	465
22	0,74	435

Diese Zusammensetzung zeigt, daß das Druckverhältnis bis zu etwa 30% brennbaren Gasbestandteilen nahezu proportional dem Gemischheizwert ist. Unter 30% sinkt das Druckverhältnis etwas stärker ab. Die Verbrennung verschlechtert sich bei derart heizwertarmem Gas zusehends, außerdem sind Zündkerzenschwierigkeiten (Naßwerden) zu erwarten, so daß mit einem Gas mit weniger als 25% brennbaren Bestandteilen ein zuverlässiger Betrieb nicht mehr möglich ist.

F. Die Abmessungen des Gaserzeugers.

Die Güte eines Gases ist nicht nur abhängig von der Bauart des Gaserzeugers und der Art des Brennstoffes, sondern auch von den Temperaturen im Feuerraum und der durchgesetzten Wasserdampfmenge. Die Erfahrung zeigt, daß zur Erzeugung eines brauchbaren Gases eine bestimmte Mindesttemperatur erforderlich ist, unterhalb dieser bleibt der Heizwert des Gases unzureichend, vor allem wird das Gas infolge

Wasserstoffmangel recht zündträge. Damit ist der Begriff der **unteren Grenzlast** eines Gaserzeugers festgelegt (s. Abschnitt E). Wird die Gasentnahme mehr und mehr gesteigert (s. Abb. 1), so steigen die Temperaturen in der Feuerzone an, die Gaszusammensetzung strebt einem Bestwert zu. Bei der Vergasung von teerhaltigen Brennstoffen im absteigenden Gasstrom (Holz, Torf- und Braunkohlenbrikett) ist die **obere Grenzlast** zunächst durch die Holzkohle- bzw. Koksneubildung bestimmt (s. Abschnitt E), bei Brennstoffen mit höherem Aschegehalt (Anthrazit und Steinkohlenschwelkoks, unter Umständen auch bei Braunkohlenbrikett) durch die Gefahr der Verschlackung in der Feuerzone. Wird diese obere Grenzlast überschritten, so steigen die Feuerraumtemperaturen immer weiter an. Es tritt eine Überbeanspruchung des Herdmaterials ein, die Lebensdauer des Feuerherdes wird stark beeinträchtigt. Vielfach kann man auch bei länger andauernder Überschreitung der oberen Grenzlast eine langsame Gasverschlechterung feststellen.

Die obere Grenzlast ist vom Brennstoff, der Gaserzeugerbauart und den Abmessungen des Feuerherdes abhängig. Von wesentlichem Einfluß ist weiter die Verteilung der Gasströmung über den Herdquerschnitt. Unter der Voraussetzung einer gleichmäßigen Gasströmung im Feuerherd kann man als Bezugsgröße für die Gaserzeugerbelastung die je 1 Stunde und 1 m² Herdquerschnitt umgesetzte Wärmemenge als Wärmebelastung einführen. Dem Versuch können diese Zahlen als Erfahrungswerte entnommen werden. Einen weiteren Erfahrungswert stellt die Gasmenge dar, die aus 1 kg Brennstoff entsteht, die als Gasausbeute bezeichnet wird. Es bezeichnet:

V = vom Motor ausgesaugte Gasmenge Nm³/h.
V_h = Hubvolumen des Motors in Litern.
F_f = Herdquerschnitt in der Feuerzone in m².
F_s = Querschnitt des Füllschachtes in m².
Q = Zulässige Wärmebelastung des Feuerherdes in kcal/m²h.
φ = Gasausbeute in Nm³/kg.
σ = spez. Brennstoffdurchsatz kg/m²h.
H_{u_0} = unterer Heizwert des wasserfreien Brennstoffes kcal/kg.

Die erforderliche Gasmenge erhält man aus dem Hubvolumen des Motors, wobei der Lieferungsgrad des Saughubs als 1 und ein Luftbedarf von 1 Nm³/Nm³ Gas angenommen wird:

$$V = 0{,}015 . \ V_h \cdot n = \text{Nm}^3/\text{h}. \qquad \text{(Viertakt)}$$

Aus der Wärmebelastung des Feuerherdes erhält man die gesamte stündlich durchgesetzte Brennstoffmenge:

$$B = \frac{Q \cdot F_f}{H_{u_0}} \, \text{kg/h}$$

und mit der Gasausbeute φ die stündliche Gasmenge

$$V = \frac{Q \cdot F_f \cdot \varphi}{H_{u_0}}\ \mathrm{Nm^3/h}\ .$$

Daraus errechnet man den Herdquerschnitt zu:

$$F_f = \frac{V \cdot H_{u_0}}{Q \cdot \varphi}\ \mathrm{m^2}\ .$$

Die Erfahrungswerte sind:

Brennstoff	Holz		Braun-kohlen-briketts	Anthrazit	Stein-kohlen-schwel-koks
	Hartholz	Weichholz			
Wärmebelastung im Schacht-querschnitt an der Luft-zutrittstelle $Q \cdot 10^{-6}$	1,8—2,2	1,5—1,8	3,5—6,2	2,3—2,7	
Unterer Heizwert H_{u_0} (bezogen auf wasserfreien Br). . . .	4400		5600	7900	7400
Gasausbeute φ	2,1—2,2		2,3—2,5	4,5—5,2	
Gasweg in der Feuerzone cm .	40—50		40—60	55—65	

Diese Werte beziehen sich bei den aschereichen Brennstoffen auf einen Aschegehalt von 5 bis 7%. Bei höherem Aschegehalt empfiehlt es sich, die Wärmebelastung etwas niederer zu wählen. Vorübergehend ist eine Überlastung eines Gaserzeugers ohne weiteres möglich. Im allgemeinen lassen sich Gaserzeuger mit aufsteigendem Gasstrom stärker überlasten, ohne daß Betriebsstörungen zu erwarten sind, als solche mit absteigendem Gasstrom. Unter den letzteren ist besonders der Braunkohlenbrikettgaserzeuger mit kleiner Lufteintrittsgeschwindigkeit und der Holzgaserzeuger bei Weichholzbetrieb empfindlich.

Der Gasausbeute liegt ein Brennstoff mittlerer Feuchtigkeit zugrunde. Schlechter Brennstoff (stark wasserhaltig) ergibt ein schlechtes Gas, die Gasausbeute wird daher etwas größer. Diese Schwankungen sind jedoch für die Berechnung unerheblich und können vernachlässigt werden.

Die angegebenen Gaswege in der Feuerzone stellen Mittelwerte dar. Sie sind bei den einzelnen Bauarten starken Schwankungen unterworfen, bei Querstromgaserzeuger sind sie wesentlich kürzer.

Während bei Gaserzeugern mit aufsteigendem Gasstrom der Querschnitt oberhalb der Feuerzone beliebig gewählt werden kann, empfiehlt es sich, bei der Vergasung von teerhaltigen Brennstoffen, insbesondere bei Holz, bei der Bemessung des Schwelschachtes über der Feuerzone zu berücksichtigen, daß der entschwelte Brennstoff einen wesentlich kleineren Raum einnimmt als der Ursprungsbrennstoff. Um Hohlraumbildungen im Schwelraum zu vermeiden, erscheint es zweckmäßig, dafür zu sorgen, daß der Brennstoff mit möglichst gleichmäßiger und nicht zu großer Geschwindigkeit im Füllschacht nachrutscht. Unter dieser Annahme müßte das Querschnittverhältnis des Feuerraumes zum Schwelschacht verhältnisgleich der Volumenverminderung des Brennstoffes sein.

Bei der Vergasung von Holz erhält man aus 1 kg im Mittel 0,35 kg Holzkohle unter Annahme einer Entgasungstemperatur von 400° C. 1 kg Holzkohle nimmt drei Viertel des Raumes von 1 kg Holz ein. Bezogen auf den Rauminhalt des Holzes nimmt daher die nach der Entgasung des Holzes übrig bleibende Holzkohle etwa den halben Raum ein. Sollen also das Holz und die Holzkohle gleichmäßig absinken, so muß theoretisch der Querschnitt im Schwelschacht etwa doppelt so groß sein, wie der Querschnitt in der Feuerzone. Diese Betrachtung führt auch bei Braunkohlenbriketts zu annähernd demselben Ergebnis.

An ausgeführten Anlagen beträgt das Verhältnis:

$$\frac{\text{Querschnitt des Schwelschachtes}}{\text{Querschnitt in der Feuerzone}} = 1{,}7 - 2{,}5.$$

Untere Grenzlast: Bei allen Gaserzeugern nimmt die Güte des Gases mit sinkenden Feuerraumtemperaturen, also sinkender Gasbelastung, ab (Abb. 1). Im allgemeinen sinkt dabei sowohl der Wasserstoff- als auch der Kohlenoxydgehalt. Wird ein Gaserzeuger anschließend an eine länger dauernde schwache Last plötzlich voll belastet, so besteht die Gefahr, daß die Gassäule in der Rohrleitung abreißt und der Motor stehenbleibt.

Diesem Mangel kann man dadurch begegnen, daß man die Abmessungen des Gaserzeugers so wählt, daß eine durch den Versuch zu bestimmende untere Grenzlast (s. Abschnitt E) auch bei kleinster Gasentnahme (leerlaufender Motor) nicht unterschritten wird. Zu diesem Zweck empfiehlt es sich, den Motorleerlauf etwas höher einzustellen als beim Betrieb mit flüssigen Brennstoffen.

Bei Aufwärtsvergasung läßt sich die untere Grenzlast durch bauliche Maßnahmen im allgemeinen überhaupt nicht beeinflussen. Liegt diese zu hoch, so muß man eben im Betrieb darauf achten, daß die Gasentnahme diese Grenze nicht unterschreitet.

Ein erhöhter Wasserdampfzusatz verlagert diese Grenze stets nach oben. Im Mittel beträgt bei Anthrazitbetrieb die untere Grenzlast etwa $^1/_4$ bis $^2/_5$ der oberen. Bei der Auswahl des Anheizgebläses ist es wichtig, daß dessen Förderung oberhalb der unteren Grenzlast liegt.

Bei Düsengaserzeugern, die mit hohen Geschwindigkeiten an der Lufteintrittsstelle arbeiten, kann die untere Grenzlast durch eine Verkleinerung des Düsenquerschnittes gesenkt werden, solange die dadurch hervorgerufene Steigerung des Unterdruckes bei Vollast noch in den zulässigen Grenzen bleibt.

Bei Abwärtsvergasung in Verbindung mit teerhaltigen Brennstoffen, wie Holz und Braunkohlenbriketts, ist hinter der Feuerzone eine Querschnittsverminderung (Einschnürung) notwendig, um kalte Zonen im Gasstrom zu vermeiden und mit Sicherheit eine Aufspaltung der restlichen Schwelgase zu ermöglichen. Diese Brennstoffe müssen bis herunter zu der unteren Grenzlast ein praktisch teerfreies Gas ergeben. Durch die Einschnürung wird die untere Grenzlast herabgedrückt. Nach ausgeführten Anlagen kann man die Größe des engsten Querschnittes bei Holzgaserzeugern aus der Beziehung bestimmen:

$$F_E = 34\sqrt{V_0} \begin{cases} F_E = \text{engster Querschnitt in cm}^2 \\ V_0 = \text{Leerlaufgasmenge in Nm}^3/\text{h.} \end{cases}$$

Die Gasgeschwindigkeit soll bei Holzgas im engsten Querschnitt (auf $0°$ und 760 mm QS und auf den vollen Querschnitt bezogen) im Leerlauf $0,5$ m/sec, bei Vollast $1,6$ bis 2 m/sec betragen. Bei Braunkohlenbrikett kommen Geschwindigkeiten von $0,8$ bis $1,5$ m/sec vor.

Diese Erfahrungsgleichung stützt sich auf zahlreiche Ausführungsbeispiele und gilt innerhalb der für Lastwagenmotoren üblichen Leistungsgrenzen. Die so erhaltenen Werte beziehen sich auf eine normale Betriebsweise. In besonderen Fällen, wenn sehr häufige und längere Leerlaufzeiten den Gaserzeuger nicht auf seine Normaltemperatur kommen lassen (Omnibus- und Müllabfuhrbetrieb), sind die engsten Querschnitte noch etwas kleiner zu wählen. In diesem Falle muß jedoch mit einer Minderleistung infolge der auftretenden Drosselverluste gerechnet werden.

Maßgebenden Einfluß auf den Gang eines Gaserzeugers hat die Lufteintrittsgeschwindigkeit in die Feuerzone. Je höher diese ist, um so höher sind die Temperaturen an der Lufteintrittsstelle, um so geringer ist aber die räumliche Ausdehnung der Glutzone. Zumeist tritt die Luft an verschiedenen Stellen gleichzeitig in den Feuerraum ein. Die Zahl und die Verteilung dieser Eintrittsstellen und die Eintrittsgeschwindigkeit der Luft ist so zu wählen, daß sich eine möglichst gleichmäßige Feuerverteilung ergibt, daß also kalte Zonen vermieden werden. Letzteres ist bei Vergasung von teerhaltigen Brennstoffen von besonderer Wichtigkeit. Eine Steigerung der Lufteintrittsgeschwindigkeit begünstigt allgemein die Anpassungsfähigkeit des Gaserzeugers gegenüber wechselnder Last.

Bei Aufwärtsvergasung strömt die Luft großenteils durch Rostspalten hindurch. Die freie Rostfläche wählt man erfahrungsgemäß zu etwa 15 bis 20% des Querschnitts im Feuerraum. Damit beträgt die Lufteintrittsgeschwindigkeit durch die Rostspalten auf Kaltluft und einen Stickstoffgehalt des Gases von $N_2 = 52\%$ bezogen $c_L = 2$ m/sec. Bei Holzgaserzeugern ist die günstigste Luftgeschwindigkeit an der

Düsenmündung 25 bis 30 m/sec. Bisweilen kommen noch höhere Werte vor, die sich jedoch infolge der damit verbundenen Erhöhung des Unterdruckes nicht empfehlen.

Die Lufteintrittsgeschwindigkeiten bei Braunkohlengaserzeugern bewegen sich meist zwischen 30 und 40 m/sec; nur eine einzige Bauart arbeitet mit besonders niederen Geschwindigkeiten von 1,6 bis 1,8 m/sec. Damit versuchte man zur Vermeidung von Verschlackungen die Feuertemperaturen möglichst niederzuhalten. Neuere Untersuchungen zeigten jedoch, daß die Bildung von Schlacken weniger durch die Temperaturen in der Feuerzone als durch die Aschezusammensetzung (s. S. 31ff.) und durch die Betriebsweise des Gaserzeugers (s. S. 33 und 91) bedingt wird.

Dagegen arbeiten die Düsengaserzeuger (Anthrazit) mit sehr hohen Vergasungstemperaturen (1700 bis 1800° C) und Lufteintrittsgeschwindigkeiten. Letztere betragen bis 80 m/sec und darüber. Diese hohen Temperaturen begünstigen die Gasbildung bei den an sich reaktionsträgen Brennstoffen, die Umsetzungen verlaufen viel rascher, außerdem werden die Feuerzonen erheblich kleiner.

G. Die Gaserzeuger-Bauarten.

Nach den Brennstoffen, die in einem Gaserzeuger vergast werden können, lassen sich folgende 3 Hauptgruppen unterscheiden:

1. Gaserzeuger für Holz und Torf.
2. Gaserzeuger für Braunkohle und Braunkohlebrikett.
3. Gaserzeuger für teerfreie Brennstoffe (Anthrazit, Schwelkoks, Torfkoks und Holzkohle).

Innerhalb jeder Gaserzeugergruppe ist im allgemeinen (bis auf wenige Ausnahmen) ein Wechsel des Brennstoffes möglich, nicht aber kann ein Brennstoff in einem Gaserzeuger einer anderen Gruppe vergast werden. Ein sog. Universalgaserzeuger, der mit jedem beliebigen Brennstoff arbeiten soll, ist unmöglich.

1. Gaserzeuger für Holz und Torf.

Mit wenigen Ausnahmen hat sich die Randdüsenbauart heute allgemein durchgesetzt. Die Unterschiede bei den einzelnen Bauarten liegen in der Ausführung des Herdes, es kommen vorzugsweise metallische Herde, daneben auch solche mit einer keramischen Auskleidung zur Verwendung. Letztere besteht entweder aus gebrannten Formsteinen oder plastischen, lufthärtenden Massen und muß den Erschütterungen im Fahrbetrieb gewachsen sein. Diese keramischen Herde erhöhen zwar das Gewicht des Herdes etwa um 20 bis 30 kg gegenüber metallischen Herden. Demgegenüber ermöglichen die keramischen Herde eine Einsparung wichtiger Sparmetalle, wie Chrom und Nickel, die als Legierungsbestandteile bei metallischen Herden erforderlich sind.

Die älteste Ausführung eines Holzgaserzeugers stellt die Bauart Imbert dar. Die Hauptmerkmale der neuesten Ausführung (Abb. 49) sind: Zufuhr der Vergasungsluft mittels Randdüsen, Verwendung eines metallischen Herdes, Verlängerung des Gasweges in der Holzkohlenschicht durch seitliches Hochziehen der Holzkohle zwischen Feuerherd und Außenmantel, Hochziehen des Herdeinsatzes bis nach oben und Absaugen der heißen Gase am oberen Ende des durch den Außenmantel und Herdeinsatz gebildeten Ringraumes. Diese Imbert-Bauart erstrebt einen möglichst sparsamen Wärmehaushalt[1]. Die Vergasungsluft wird vor Eintritt in die Feuerzone durch die heißen Gase vorge-

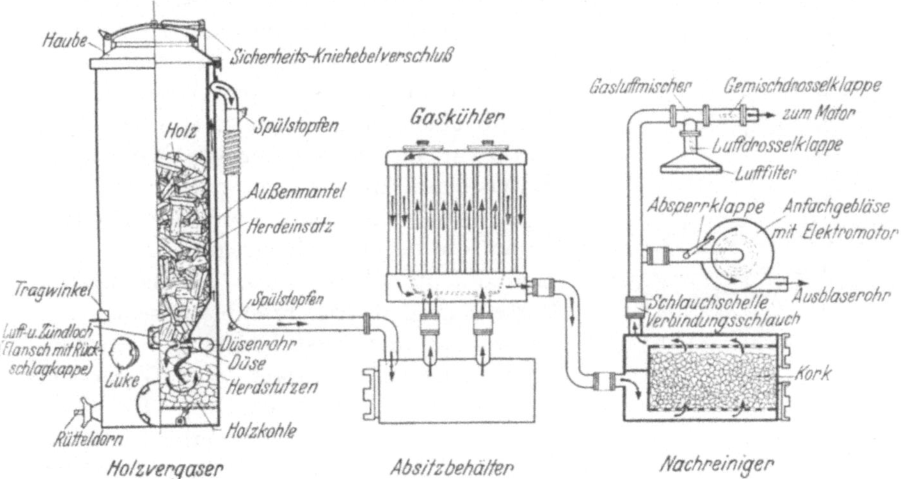

Abb. 49. Imbert-Holzgaserzeuger mit Reinigungsanlage.

wärmt. Außerdem wird der Herd vor Wärmeverlusten durch die außen vorbeiströmenden heißen Abgase geschützt, wobei die im Ringmantel nach oben strömenden Gase einen Teil ihrer Wärme an die Holzfüllung abgeben. Das Holz gelangt dadurch gleichmäßig vorgewärmt und angetrocknet in die Schwelzone. Der Vorteil des Doppelmantels zeigt sich besonders bei strengem Frost und nassem Holz. Der Herdeinsatz ist aus handelsüblichem Blech geschweißt, nur der unterste Teil, der die Einschnürung trägt, besteht aus einer hochfeuerfesten Gußlegierung, die mit dem Blech verschweißt ist. Der obere Teil des Herdmantels ist auf der Innenseite mit einem dünnen Kupfer- bzw. Messingblech überzogen, um eine vorzeitige Korrosion des Blechmantels zu vermeiden. Der Verschlußdeckel wird durch eine Blattfeder auf seine Dichtungsfläche gedrückt und dient gleichzeitig als Sicherung gegen

---

[1] Siehe Untersuchungen von Dr. Lutz: ATZ 1940 Heft 23.

Verpuffungen im Innern des Gaserzeugers. Die Holzkohlenschicht liegt auf einem Rüttelrost. Letzterer ermöglicht ein Austragen der zerfallenen Holzkohle und des Staubes durch tägliches Rütteln.

Abb. 50 zeigt eine Imbert-Ausführung, wie sie früher allgemein üblich war. Der Doppelmantel ist nur noch über einen Teil des Schachtes hochgezogen, während im oberen Teil ein Kondensator eingebaut war.

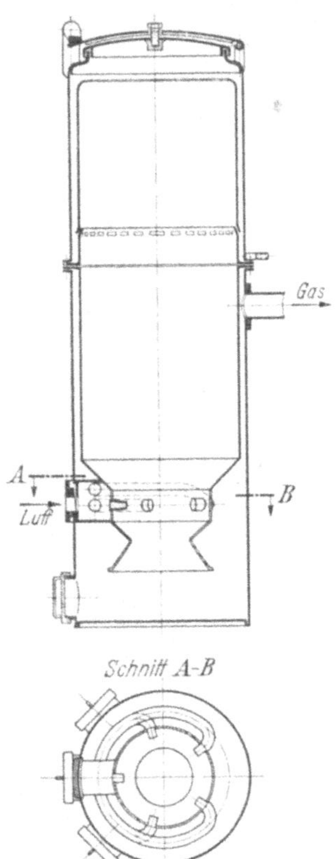

Abb. 50. Ältere Ausführung des Imbert-Holzgaserzeugers mit Kondensator. Rostlose Ausführung.

Diesem fiel die Aufgabe zu, den bei der Vortrocknung des Holzes im oberen Teil des Füllschachtes entweichenden Wasserdampf wenigstens teilweise zu kondensieren. In dem zwischen Kondensatoreinsatz und Außenmantel entstehenden Ringraum bildet sich eine nach abwärts gerichtete Strömung aus, wobei die leichter kondensierbaren Anteile, vor allem Wasserdampf, an der kalten Außenwandung kondensieren. Außer Wasserdampf sind noch Schwelgase vorhanden, und zwar in um so größeren Mengen, je weiter dieser Kondensator nach unten gezogen wird. Von den Schwelgasen kondensieren die leichter flüchtigen Teer- und Säuredämpfe (Essig- und Ameisensäure), letztere greifen das Eisenblech sehr stark an, weshalb man versucht hat, den Kondensatoreinsatz aus Kupfer oder V_2A-Stahl herzustellen (s. Abschnitt C 6). Eine Verkürzung des Kondensators erniedrigt den mengenmäßigen Anteil der korrodierenden Bestandteile und ist daher zu empfehlen. Die ausgeschiedenen Wasserdampfmengen liegen zwischen $1/2$ bis $1/3$ des gesamten im Holz enthaltenen Feuchtigkeitsgehaltes.

Um die Werkstoffschwierigkeiten bei den Kondensatoren zu umgehen, kehrte die Imbert-Gesellschaft Köln unter Verzicht auf den Kondensator wieder zu der ursprünglichen Bauart, den nach oben durchgezogenen Herden, zurück.

Um Anfressungen an der inneren Seite des Innenmantels zu vermeiden, wurde dieser bis kurz über die Feuerzone mit Kupfer-, später mit Messingfolie ausgekleidet. Zwecks Einsparung dieser Sparwerkstoffe wird neuerdings ein dünner Emailleüberzug verwendet.

Die gesamten Schwelgase werden dann durch die Brennzone hindurchgesaugt, wobei die teerigen Bestandteile aufgespalten werden bzw.

verbrennen, ebenso die Essigsäure, die bereits bei mäßigen Temperaturen in Methan und Kohlensäure zerfällt, also unschädlich wird. Daher reagieren die Kondensate in den Gasleitungen und Reinigern infolge der Pottaschebildung stets alkalisch. Dadurch, daß bei der neuen Imbert-Bauart der gesamte Wasserdampfgehalt durch die Feuerzone gesaugt wird, ergibt sich zwar eine Mehrbelastung der Feuerzone durch überschüssigen Wasserdampf, jedoch zeigen sich im Dauerbetrieb keine Schwierigkeiten, lediglich bei aussetzendem Betrieb und vielen Stillstandszeiten ist das Vorhandensein eines Kondensators von Vorteil.

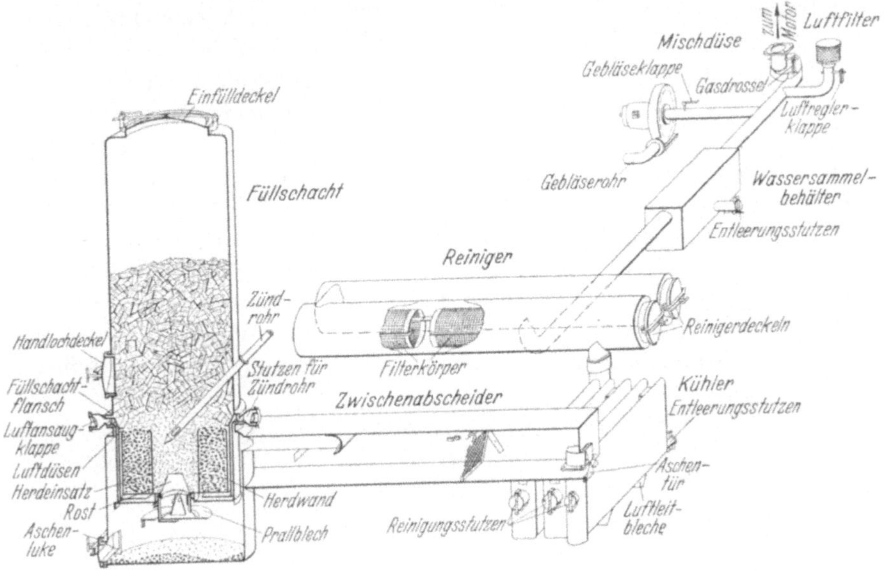

Abb. 51. Gustloff-Holzgaserzeuger.

Auch die in Abb. 51 dargestellte Ausführung der Gustloff-Werke besitzt einen metallischen Herd, der jedoch durchgängig als Schweißkonstruktion ausgebildet ist. Bei den Teilen, die besonders hohen Temperaturen ausgesetzt sind, ist ein hitzebeständiges legiertes Blech (Poldistahl) verwendet. Die Gasströmung verläuft dabei anfangs nahezu radial nach innen, um dann rasch nach unten abgelenkt zu werden, zum Schluß wird das Gas mit hoher Gasgeschwindigkeit durch ein Korbrost hindurch abgesaugt. Dieser Rost kann bei kaltem Gaserzeuger leicht nach unten herausgenommen und das Feuerbett gereinigt werden. Im Betrieb ist der Rost fest. Die Vergasungsluft wird in einem Zwischenmantel vorgewärmt und strömt durch 24 Randdüsen in den Vergasungsraum ein. Dadurch verteilt sich das Feuer ziemlich gleichmäßig über den ganzen Querschnitt. Zum Anzünden wird ein Zündrohr in die Holzkohlenschicht schräg nach unten von der Seite her eingeführt, das wieder herausgezogen wird, sobald sich die Holzkohle entzündet hat.

Um die Entleerung des Füllschachtes zu erleichtern, befindet sich oberhalb der Feuerzone eine verschließbare Öffnung.

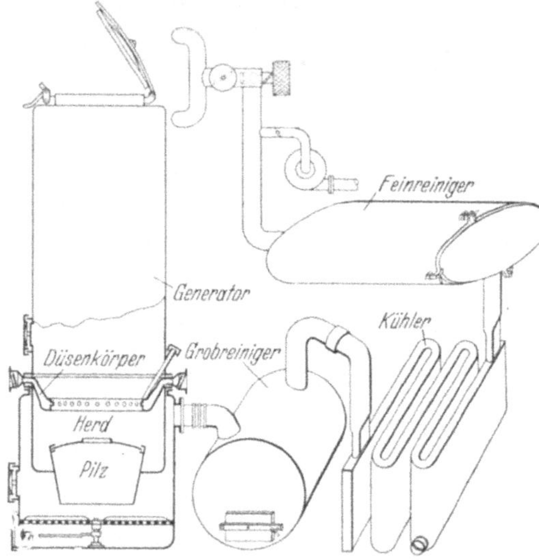

Abb. 52. Zeuch-Holzgaserzeuger.

Beim Zeuch-Gaserzeuger (Abb. 52) wird die Einschnürung durch eine schwach gewölbte Platte aus hitzebeständigem Sonderblech gebildet. Die Vergasungsluft tritt ganz schwach vorgewärmt durch eine große Zahl von Düsen in den Feuerraum ein.

Die Ausführung von Südgas (Abb. 53) verwendet einen keramischen Herd aus 6 Einzelsteinen,

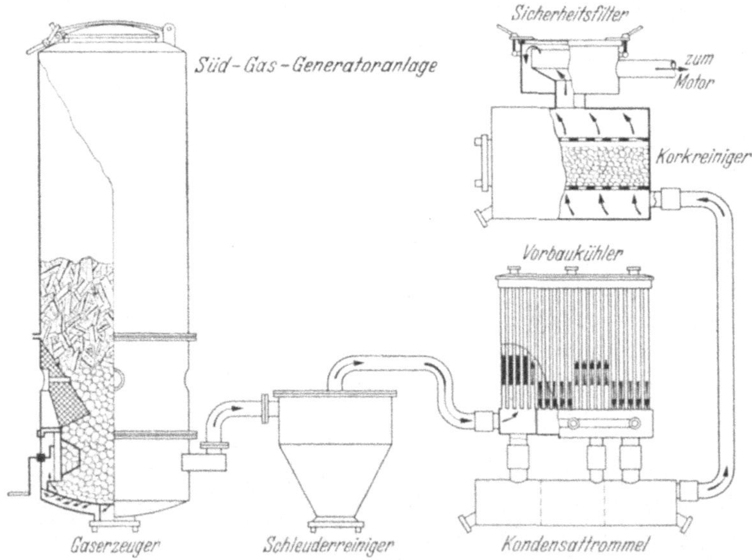

Abb. 53. Südgas-Holzgaserzeuger.

die hinter der Einschnürung endigen. Der anschließende Teil des Feuerkorbes und Rostes besteht aus handelsüblichem Eisenblech. Bei der kleineren Ausführung strömt die nur schwach angewärmte Vergasungsluft durch 6, bei der großen durch 12 Düsen in den Feuerraum ein.

Der Holzgaserzeuge von Wisco (Abb. 54) besitzt einen rechteckigen Schachtquerschnitt. Der Feuerherd besteht aus Formsteinen, die eine ebenfalls rechteckige Einschnürung ergeben. Die Holzkohlenschicht ruht auf einem Rüttelrost. In den Füllschacht ist ein Kondensator eingebaut, der in einer gewissen Entfernung von der Feuerzone endigt. Die Vergasungsluft tritt hocherhitzt durch 6 Düsen ein.

Der Humboldt-Deutz-Holzgaserzeuger (Abb. 55) verwendet eine metallische Mitteldüse aus hochlegiertem Sonderwerkstoff. Der Herd besitzt eine keramische Auskleidung,

Abb. 54. Wisco-Holzgaserzeuger.

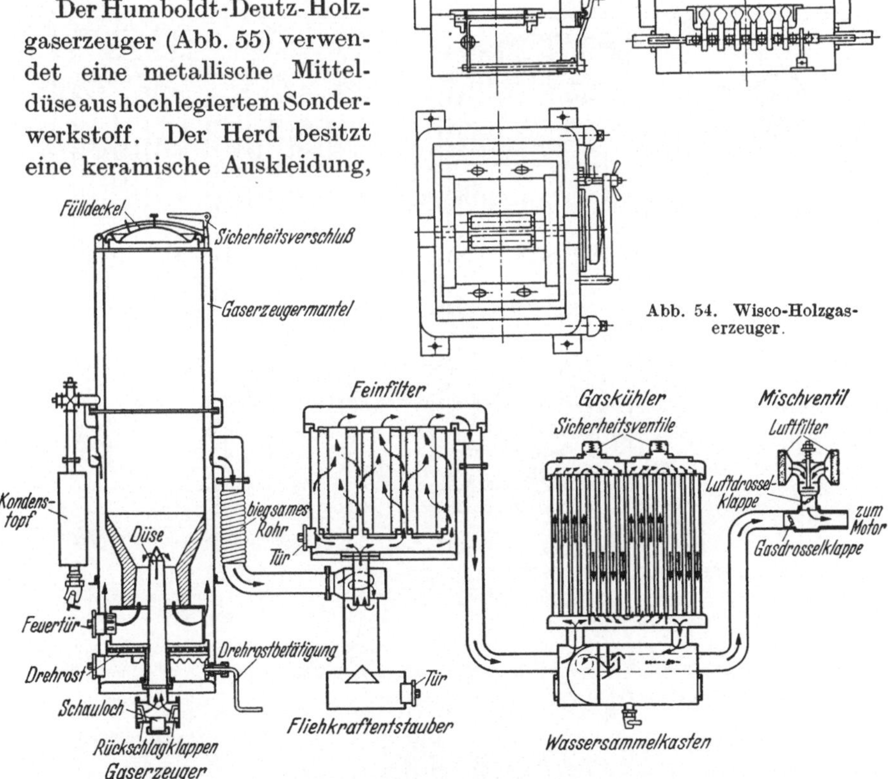

Abb. 55. Humboldt-Deutz-Holzgaserzeuger.

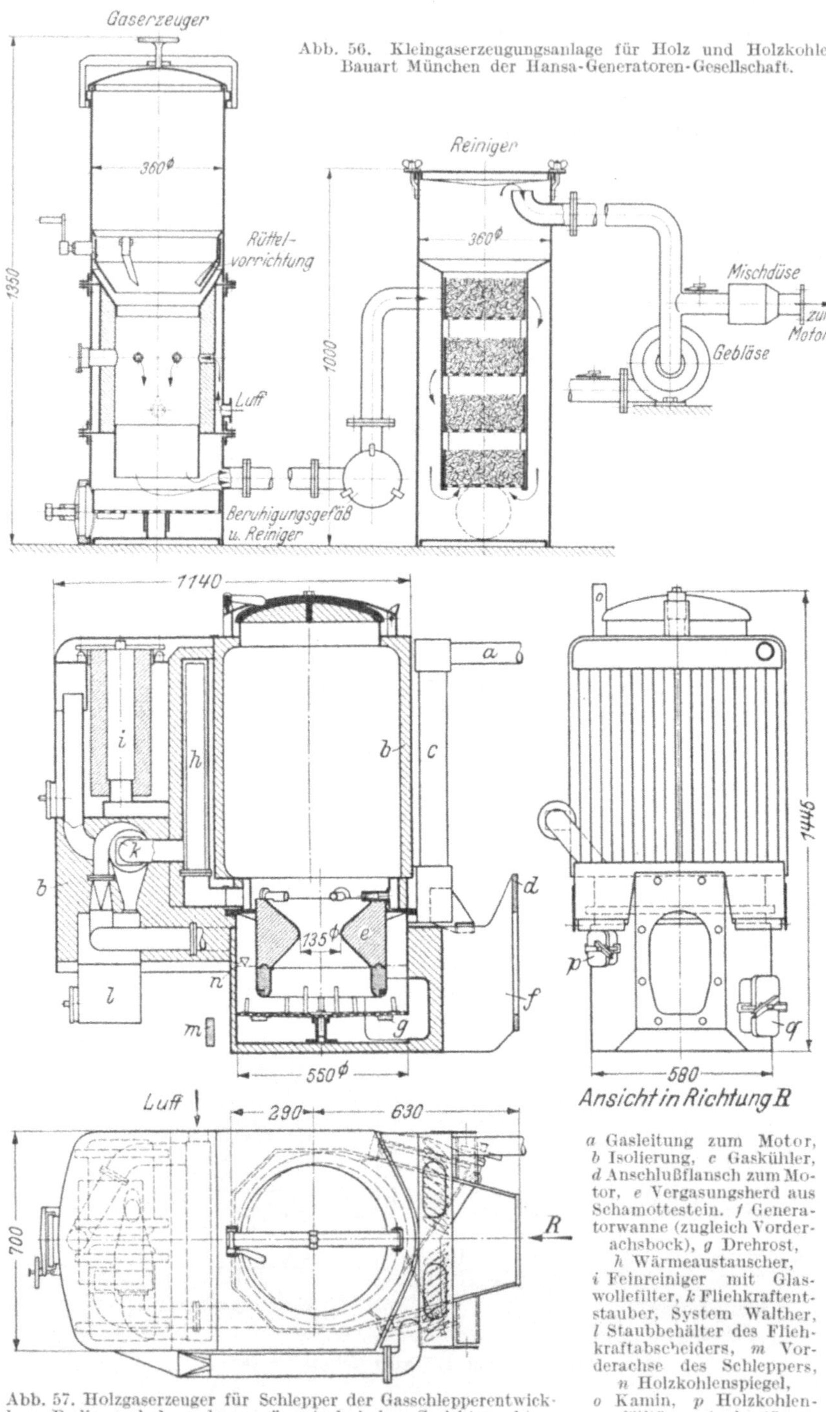

Abb. 56. Kleingaserzeugungsanlage für Holz und Holzkohle, Bauart München der Hansa-Generatoren-Gesellschaft.

Abb. 57. Holzgaserzeuger für Schlepper der Gasschlepperentwicklung Berlin nach besonderen wärmetechnischen Gesichtspunkten.

a Gasleitung zum Motor, *b* Isolierung, *c* Gaskühler, *d* Anschlußflansch zum Motor, *e* Vergasungsherd aus Schamottestein. *f* Generatorwanne (zugleich Vorderachsbock), *g* Drehrost, *h* Wärmeaustauscher, *i* Feinreiniger mit Glaswollefilter, *k* Fliehkraftentstauber, System Walther, *l* Staubbehälter des Fliehkraftabscheiders, *m* Vorderachse des Schleppers, *n* Holzkohlenspiegel, *o* Kamin, *p* Holzkohlenfülltür, *q* Aschentür.

deren Einschnürung nur wenig unterhalb der Austrittslöcher für die Vergasungsluft liegt. Die Holzkohle liegt auf einem Drehrost, der von außen betätigt werden kann. In dem oberen Teil des Füllschachtes ist ein Kondensator eingebaut.

Abb. 56 stellt einen Kleingaserzeuger von Hansa dar. Dieser Gaserzeuger ist für den Betrieb ortsfester Kleinmotoren gedacht, besitzt eine Auskleidung des Feuerraumes und einen Rüttelrost. Außerdem ist über der Feuerzone noch eine von außen drehbare Rüttelvorrichtung angeordnet, um Brückenbildungen im Füllraum, die ein Nachrutschen des Brennstoffes verhindern würden, zerstören zu können.

Die Untersuchungen der Forschungsstelle der Gasschlepperentwicklung (Dr. H. Lutz) zeigten die Verbesserungsmöglichkeiten an einem Holzgaserzeuger durch Maßnahmen zur Verringerung der Wärmeverluste. Einen nach diesen Gesichtspunkten für Einbau in Schlepper entwickelten Holzgaserzeuger zeigt Abb. 57. Die Hauptmerkmale sind: Isolierung gegen Wärmeverluste und Vorwärmung der Vergasungsluft in einem Wärmeaustauscher unter Ausnützung der fühlbaren Gaswärme. Die Reiniger sind in den Gaserzeuger organisch eingebaut.

2. Gaserzeuger für Braunkohlen.

Infolge des Teer- und Aschegehaltes von Braunkohlen ist es erst nach längerer Versuchszeit gelungen, Gaserzeuger zu bauen, die ohne nennenswerte Schlackenbildung über einen weiten Lastbereich ein praktisch teerfreies Gas liefern. Abb. 58 stellt die Bauart Evers-Union dar, die vom rheinischen Braunkohlensyndikat ent-

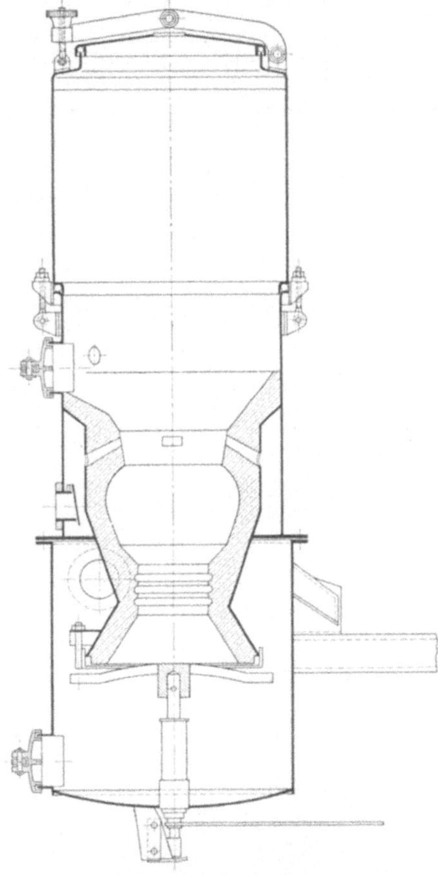

Abb. 58. Gaserzeuger Evers-Union für Braunkohlenbrikett des Rhein. Braunkohlensyndikates.

wickelt wurde. Die schwach vorgewärmte Vergasungsluft tritt durch Schlitze, die in der oberen Einschnürung liegen, mit kleiner Geschwindigkeit in den Brennraum ein. Unterhalb der Einschnürung erweitert sich das Feuerbett, das unten in einer zweiten Einschnürung endigt. Der Schwelkoks liegt auf einem um etwa 90° leicht drehbaren Roste. Beim Rütteln des Rostes wird die Asche mit etwas Brennstoff ausgetragen.

Zum Entzünden des Gaserzeugers wird ein Zündrohr schräg von der Seite bis in Höhe der Lufteintrittsschlitze eingeführt. Wenn der Koks sich entzündet hat, wird das Rohr wieder entfernt. Der Herd wird aus feuerfesten Formsteinen gebildet. Sparstoffe werden zum Bau keine benötigt. Der Gaserzeuger kann mit rheinischen und ostelbischen Briketts mit einem Stückgewicht von 60 bis höchstens 90 g betrieben werden.

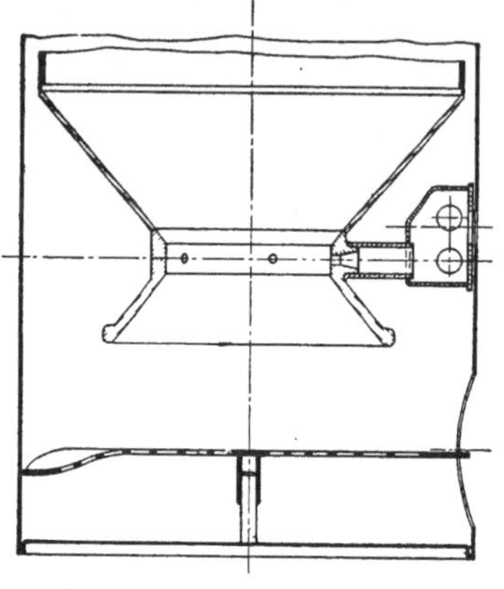

Abb. 59. Feuerherd des Imbert-Braunkohlenbrikett-Gaserzeugers.

Abb. 59 zeigt den Herd des Imbert-Braunkohlengaserzeugers, der mit Braunkohlenbriketts, ferner mit Torf und Holz betrieben werden kann und weitgehend unempfindlich gegen die Stückgröße ist. Gegenüber dem Imbert-Holzgaserzeuger befinden sich die Lufteintrittsdüsen in

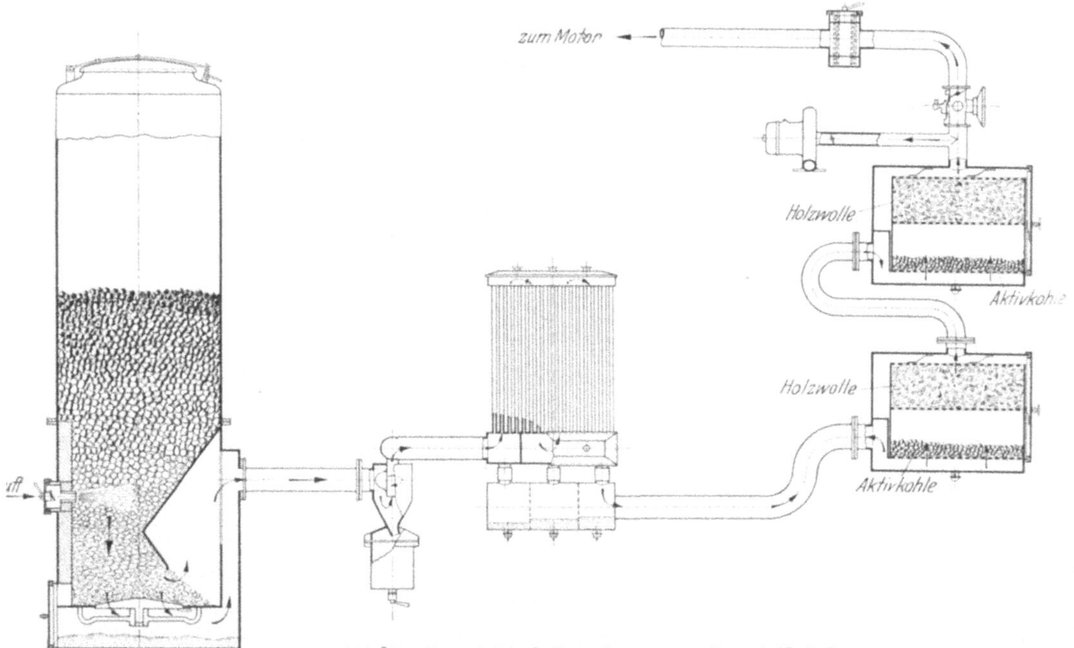

Abb. 60. Braunkohlenbrikett-Gaserzeuger Bauart Kröning.

der Einschnürung des Herdes, die etwas größeren Durchmesser als bei Holz besitzt. Die übrige Ausführung deckt sich mit der des Holzgaserzeugers. Insbesondere wurde der metallische Herd beibehalten.

Der Kröning-Braunkohlengaserzeuger der Abb. 60 eignet sich zur Vergasung von den verschiedenen Briketts, von Braunstückkohle, Holz, Torf und sogar von Glanzkohle, die in ihren Eigenschaften zwischen den Braun- und Steinkohlen liegt. Dieser Gaserzeuger hat einen viereckigen Herdquerschnitt, der durch feuerfestes Material auf 3 Seiten ausgekleidet ist, während die Rückseite des Herdes durch ein gewöhnliches Blech gebildet wird, gegen das die Verbrennungsluft geblasen wird. Der Aufbau des Gaserzeugers ist sehr einfach. Sparwerkstoffe werden nicht benötigt. Die Vergasungsluft tritt durch zwei bzw. mehrere Düsen ein, die in einem gemeinsamen Düsenkasten sitzen. Sein betrieblicher Vorteil liegt darin, daß bei eintretender Schlackenbildung die Schlacke leicht von der Ablagerungsstelle vor den Düsen entfernt werden kann. Dazu wird der Düsenkasten durch Lösen zweier Schrauben entfernt und durch die Öffnung ein Blechschieber eingeschoben, um ein Nachrutschen des Brennstoffes aus dem Füllschacht zu verhindern. Die Schlacke kann dann mittels eines Hakens herausgezogen werden. Der Feuerherd wird nach unten durch einen Gußrost abgeschlossen und das Gas zum Teil über den Rost, zum anderen Teil durch den Rost hindurch abgesaugt. Während rheinische Braunkohle im Langstreckenbetrieb schlackenfrei vergast werden kann, gibt ostelbische Kohle etwas Schlacke, am meisten die ostmärkischen Braunkohlen, die infolge ihres hohen Silizium- und niederen Kalkgehaltes einen niederen Ascheschmelzpunkt besitzen.

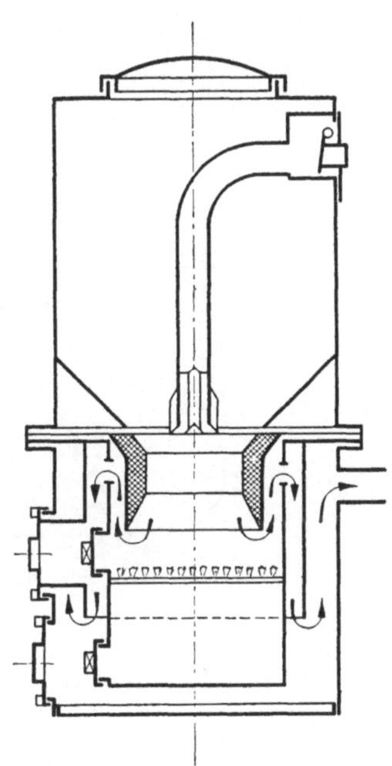

Abb. 61. Prometheus - Weber - Braunkohlenbrikett-Gaserzeuger.

Da sich die Schlacke jedoch leicht, auch bei betriebswarmem Gaserzeuger, entfernen läßt, ist auch die Vergasung von schlackenden Braunkohlen in diesem Gaserzeuger möglich.

Der Prometheus - Weber - Braunkohlengaserzeuger der Abb. 61 besitzt eine Mitteldüse, die kurz über der Verengung eines keramischen Herdes endigt. Zwecks Aufspaltung der etwa noch aus dem Herd austretenden Teere passiert das Gas eine von innen aufgeheizte Zwischenkammer.

Der in Abb. 52 dargestellte Zeuch-Holzgaserzeuger kann auch mit Braunkohlebrikett betrieben werden.

3. Gaserzeuger für teerfreie Brennstoffe
(Anthrazit, Schwelkoks und Holzkohle).

Nach dem nassen Vergasungsverfahren arbeitet der Gaserzeuger von Humboldt-Deutz (Abb. 62). Am unteren Ende des zylindrischen Feuerraumes tritt durch eine über der oberen Rostplatte endigenden

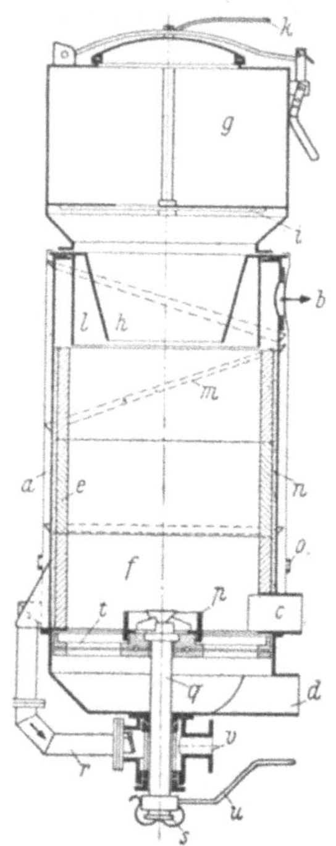

Abb. 62. Humboldt-Deutz-Gaserzeuger für teerfreie Brennstoffe (nasse Vergasung).

a Ringmantel, *b* Gasaustritt, *c* Feuertür, *d* Aschentür, *e* feuerfeste Auskleidung, *f* Feuerraum,
g Brenstoffbehälter, *h* Blechtrichter, *i* Schwenkverschluß mit Betätigungshebel *k*, *l* Gasabsauge-
ring, *m* Wasserrinne, *n* Schlackenwolle, *o* Mantel-
verbindung, *p* Düsenschutzring, *q* Düse, *r* Dampf-
Luft-Leitung, *s* Düsenverschluß, *t* drehbarer Rost
mit Betätigungshebel *u*, *v* Anschluß für das Anfahrgebläse.

Mitteldüse die Vergasungsluft ein. Beide Rostplatten tragen außer den Rostschlitzen noch drei größere Öffnungen, die zum Entleeren des

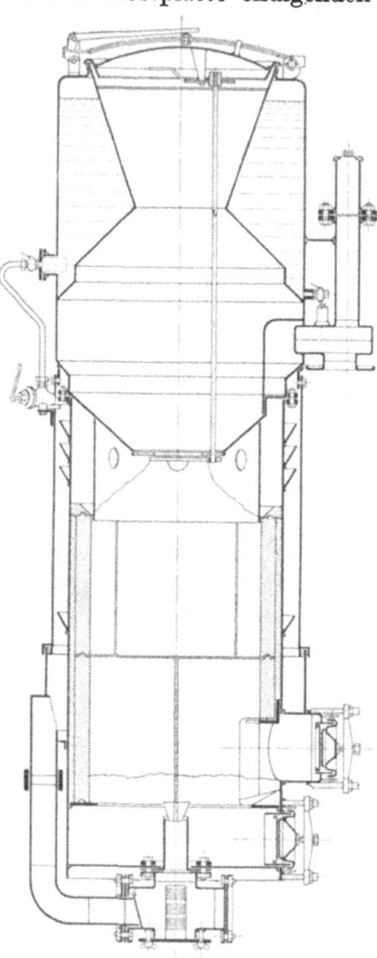

Abb. 63. Humboldt-Deutz-Gaserzeuger,
neueste Bauart (nasse Vergasung).

Gaserzeugers in eine solche Stellung gebracht werden können, daß sie sich überdecken. Der Feuerschacht ist ausgekleidet. In dem durch den äußeren und inneren Mantel gebildeten Ringraum wird die Vergasungsluft erhitzt und das Wasser in einer in diesem Ringraum liegenden Verdampferrinne verdampft. Eine kleine, vom Motor angetriebene

Membranpumpe fördert eine einstellbare Wassermenge in die Verdampferrinne. Der Vorratsbunker ist durch einen Blechtrichter von der Feuerzone getrennt, so daß der Gaserzeuger mit gleichbleibender Schichthöhe (wie übrigens alle Gaserzeuger mit aufsteigender Vergasung) arbeitet.

Um bei Entleerung des Feuerraumes ein gleichzeitiges Leerziehen des Bunkers zu vermeiden, ist am unteren Ende des Bunkers ein von außen drehbarer Schwenkverschluß angebracht. Durch einen federbelasteten Deckel ist der Bunker nach oben abgeschlossen.

Die neueste Ausführung von Humboldt - Deutz zeigt Abb. 63. Dabei wurde der Rost ersetzt durch eine Schlackenschicht, die auch bei Neufüllung des Gaserzeugers vorher eingebracht werden und über der Düse, durch die das Dampf-Luftgemisch eingesaugt wird, endigen muß, so daß durch die Schlacke auch die Düsenmündung der Einwirkung der hohen Temperatur in der Feuerzone entzogen wird.

Ebenfalls nach dem nassen Verfahren arbeitet der Wisco-Gaserzeuger

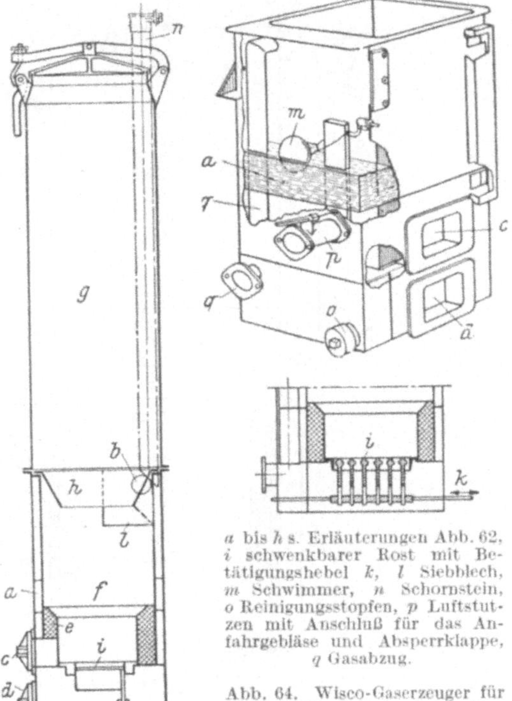

a bis h s. Erläuterungen Abb. 62, i schwenkbarer Rost mit Betätigungshebel k, l Siebblech, m Schwimmer, n Schornstein, o Reinigungsstopfen, p Luftstutzen mit Anschluß für das Anfahrgebläse und Absperrklappe, q Gasabzug.

Abb. 64. Wisco-Gaserzeuger für teerfreie Brennstoffe (nasse Vergasung).

(Abb. 64). Der rechteckige Feuerraum ist durch einen Rüttelrost abgeschlossen. Der untere Teil ist mit einer feuerfesten Auskleidung versehen. Darüber liegt eine Wasserkammer, deren Wasserspiegel durch einen Schwimmer auf gleichbleibender Höhe gehalten wird. Über den Wasserspiegel wird die Vergasungsluft gesaugt und reichert sich mit Wasserdampf an. Das Dampf-Luftgemisch wird nach dem Ascheraum und durch die Rostspalten hindurch nach dem Feuerraum gesaugt. Das Gas wird unterhalb eines Trichters abgesaugt, so saß die Länge der Feuerzone konstant bleibt. Der Rost kann vom Führersitz aus von Hand gerüttelt werden.

Bei der neuesten Ausführung von Wisco zur Vergasung von Brennstoffen mit hohem Aschegehalt, besonders von reaktionsfreudigen Braunkohlenschwelkoksen (Brüx) wurde die Wasserkammer ganz nach unten gezogen und umschließt den Verbrennungsraum von der Rostoberkante bis in halber Herdhöhe. Dadurch wird ein Anbacken von Schlacke an der früheren feuerfesten Auskleidung verhindert. Ein Teil des Wasserdampfes wird zusammen mit der Vergasungsluft durch den Rost in

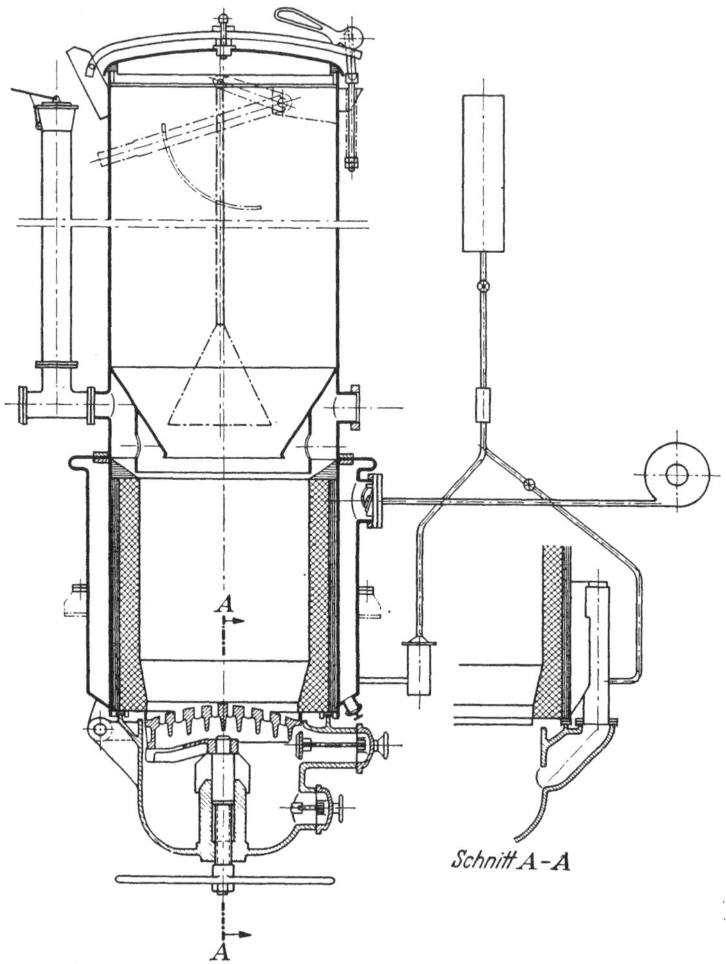

Abb. 65. Stinnes-Burwain-Gaserzeuger, Bauart Kolkhorst (nasse Vergasung).

die Feuerzone eingesaugt, der restliche Teil in einem zusätzlichen Kühlsystem kondensiert und der Verdampferkammer wieder zugeführt.

Der Stinnes-Burwain-Gaserzeuger (nach Kolkhorst) (Abb. 65) besitzt ein umklappbares Rostunterteil, um die Schlacke leicht entfernen zu können. Dabei kann der Bunker durch einen Senktrichter abgeschlossen werden. Eine neuere Ausführung besitzt noch eine seitlich über dem Roste befindliche Türe, die etwas nach vorne gezogen ist, damit der Brennstoff infolge seiner normalen Abböschung nach Öffnen der Türe nicht von selbst herausfallen kann. Nach Öffnen der Türe kann dann die Schlacke abgezogen werden.

Der Gaserzeuger von Koudelak besitzt als einziger einen Drehrost, der mittels eines kleinen, vom Führersitz einschaltbaren Drucklüftmotors gedreht wird. Die Vergasungsluft wird mittels einer Mittelduse in den Feuerraum eingeleitet. Es hat sich gezeigt, daß dieser Gaserzeuger selbst aschereichere Brennstoffe vergasen kann, ohne daß sich Schlackenkuchen im Innern ansammeln können.

In dem Henschel-Finkbeiner-Gaserzeuger (Abb. 66) strömt die Vergasungsluft unmittelbar durch eine schräg nach unten geführte wasser-

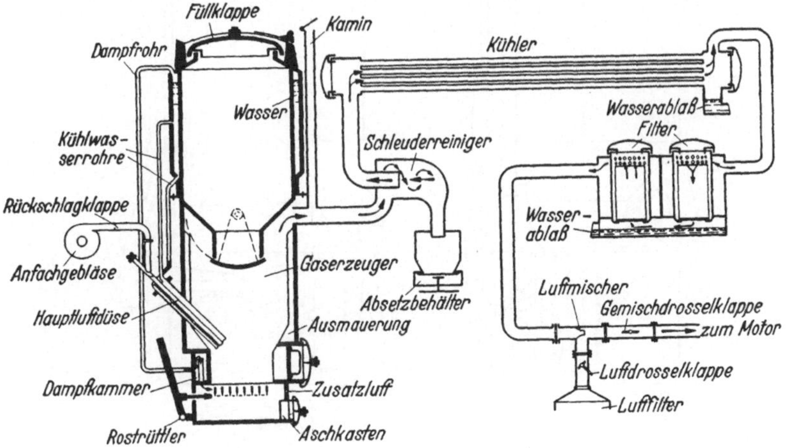

Abb. 66. Henschel-Finkbeiner-Gaserzeuger für teerfreie Brennstoffe (halbnasse Vergasung).

gekühlte Düse mit hoher Geschwindigkeit ein, die Gase werden an der Düsenmündung schroff nach oben abgelenkt und durch die Brennstoffschicht hindurchgesaugt. Das Düsenkühlwasser wird dabei zum Verdampfen gebracht und der Dampf durch die um den Brennstoffbunker gelegte Wasserkammer hindurch in einer in die feuerfeste Auskleidung eingebetteten Rohrschlange überhitzt. Die Rohrschlange mündet in einen den untersten Teil des Feuerraumes umgebenden Ringraum, in den gleichzeitig eine einstellbare kleine Menge Luft einströmt und dort mit dem Dampf vermischt und überhitzt wird. Dieses Gemisch wird in gleichmäßiger Verteilung durch den Rost hindurch in den Feuerraum geleitet. Durch den Wasserdampfzusatz wird die Gefahr der Bildung von Schlackenkuchen an der Düse verringert. Die Schlacke fällt vielmehr in granulierter Form an und kann dann bei fortschreitendem unterem Abbrand durch den Rost hindurch abgezogen werden. Der Brennstoffbunker endigt unten in einem Trichter, der durch einen schwenkbaren Verschluß zum Entleeren des Feuerraumes abgeschlossen wird.

Nach dem trockenen Verfahren im Querstrom arbeitet der Gohin-Daimler-Benz-Gaserzeuger (Abb. 67). Infolge der geringen Ausdehnung

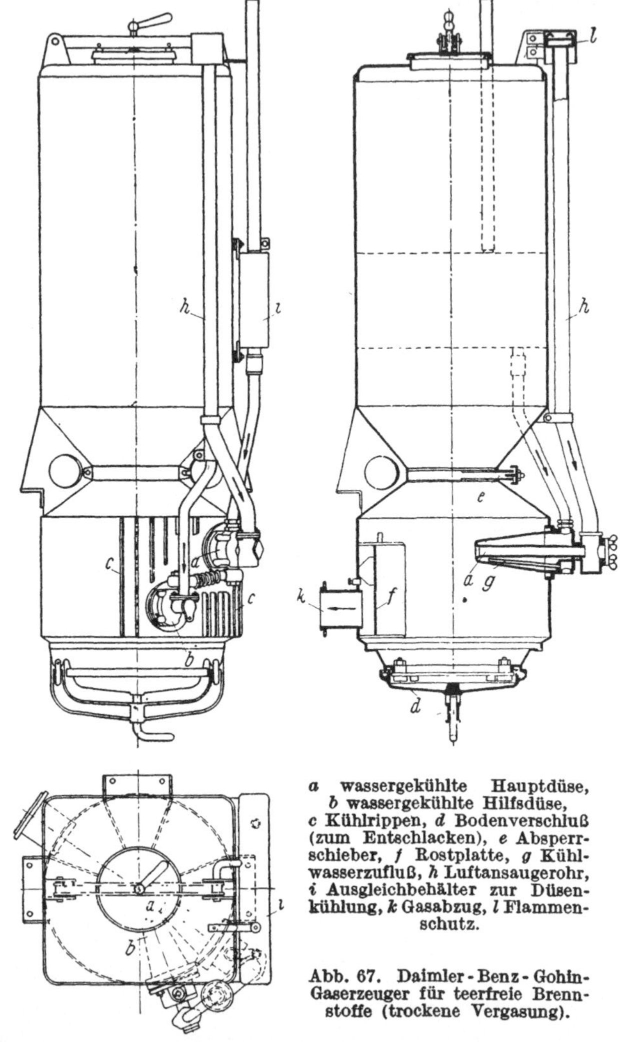

a wassergekühlte Hauptdüse, *b* wassergekühlte Hilfsdüse, *c* Kühlrippen, *d* Bodenverschluß (zum Entschlacken), *e* Absperrschieber, *f* Rostplatte, *g* Kühlwasserzufluß, *h* Luftansaugerohr, *i* Ausgleichbehälter zur Düsenkühlung, *k* Gasabzug, *l* Flammenschutz.

Abb. 67. Daimler-Benz-Gohin-Gaserzeuger für teerfreie Brennstoffe (trockene Vergasung).

der Glühzone verzichtet diese Bauart auf jegliche feuerfeste Auskleidung und spart dadurch an Gewicht. Im Boden ist eine verschließbare Öffnung, durch die der Feuerraum zwecks Abziehen der Schlacke entleert werden kann. Um dabei ein Nachrutschen des Bunkerinhaltes zu vermeiden, wird von außen ein Blechschieber am unteren Ende des

Bunkers eingeschoben. Die Düse ist wassergekühlt. Die Rückkühlung des Wassers erfolgt entweder in einem am Führerhaus angebrachten Lamellenkühler nach dem Thermo-syphonprinzip oder wird ein Teilstrom des Motorkühlwassers abgezweigt.

Diese Gaserzeuger können mit allen teerfreien Brennstoffen betrieben wer-den, solange deren Aschegehalt in trag-baren Grenzen bleibt. Einen Gaserzeu-ger für Holzkohle zeigt Abb. 68. Dieser Hansa-Gaserzeuger enthält im oberen Teil eine durch das abziehende Gas beheizte Wasserkammer. Das heiße Gas wärmt gleichzeitig die Vergasungs-luft etwas vor, die anschließend durch die Wasserkammer gesaugt wird und sich mit Wasserdampf sättigt. Eine besonders ausgestaltete Lufteintrittsdüse unter dem Rost sorgt für eine gleichmäßige Ver-teilung des Dampf-Luftgemisches. Be-merkt soll dabei werden, daß Holzkohle-gaserzeuger im Reichsgebiet nicht ver-wendet werden dürfen, da die erforder-liche Holzkohle in größeren Mengen nicht zur Verfügung gestellt werden kann.

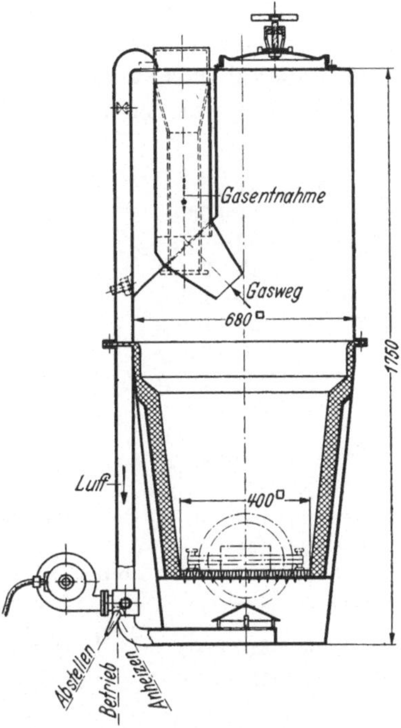

Abb. 68. Hansa-Holzkohlen-Gaserzeuger. (nasse Vergasung).

H. Gasreinigung und -kühlung.

Nach Verlassen des Gaserzeugers enthält das Gas noch Verunreini-gungen, die, soweit als irgendmöglich, dem Motor ferngehalten werden müssen. Diese Verunreinigungen sind:

1. Staub (Flugasche, feinste Brennstoffteilchen).
2. Teer.
3. Chemische Verunreinigungen.

Der Staubgehalt des Rohgases ist starken mengen- und körnungs-mäßigen Schwankungen unterworfen und wird beeinflußt von der Bauart und dem Belastungsgrad eines Gaserzeugers und von dem zur Verwen-dung gelangenden Brennstoff. Bei einem Holzgaserzeuger wurden mit Kiefernholz bei Vollgas folgende Körnungsanteile gemessen (Vers. d. Verf.) (1 μ = 0,001 mm):

0—50 μ	35,5%
50—100 μ	33,5%
100—200 μ	17 %
200—400 μ	14 %

Zum Unterschied von anderen Staubarten ist der Holzkohlenstaub besonders in den kleinen Korngrößen sehr weich und flockig. Unter dem Mikroskop erscheinen die feinsten Flöckchen sogar durchsichtig.

Von anderer Beschaffenheit ist der Staub bei Anthrazit Nuß 4 und Steinkohlenschwelkoks.

Eine Analyse bei Vollast des Gaserzeugers ergab folgendes[1]:

	Anthrazit %	Steinkohlenschwelkoks %
unter 41 μ	12,9	20,3
41—60 μ	3,9	6,7
60—75 μ	3,6	7,6
75—90 μ	3,7	7,7
90—120 μ	6,4	15,3
120—150 μ	7,4	14,9
150—200 μ	11,0	15,6
200—250 μ	10,9	7,2
250—500 μ	28,5	4,1
500—1000 μ	11,2	0,5
über 1000 μ	0,5	0,1

	Anthrazit %	Steinkohlenschwelkoks %
Flugstaubanfall (in % des vergasten Brennstoffs)	2,76	1,75
davon unverbrannter Brennstoff . .	1,80	1,59
Asche	0,96	0,16

Eine Analyse der Flugstaubasche vom Anthrazit ergab folgende Bestandteile[2]:

Kieselsäure	SiO_2	24,91%
Tonerde.	Al_2O_3	17,41%
Eisenoxyd.	Fe_2O_3	26,65%
Kalk	CaO	13,39%
Magnesia	MgO	3,34%
Schwefelsäure	SO_3	1,39%
Phosphorsäure . . . . . . :	P_2O_5	2,42%
Alkalioxyd.	$Na_2O + K_2O$	10,49%

Für den Motor sind die drei erstgenannten Bestandteile am schädlichsten, die meist in feinster Verteilung auftreten und am schwierigsten aus dem Gas zu entfernen sind, zumal sie nur teilweise in Fliehkraftreinigern ausgeschieden werden.

Eine Siebanalyse von Braunkohlenbrikettstaub ergab[3]:

Korngröße.	75	75—125	125—250	250—500	500
Staub (Gew.%). . .	11	24	22	23	20

Der Anfall von Flugstaub bei Vollast liegt meist in den Grenzen von 1,5 bis 3% des vergasten Brennstoffes. Mitunter kommen noch etwas

---

[1] Rammler: Bericht D 83 des Reichskohlenrates.

[2] Lessnig: Untersuchungen an Kleingasreinigern, Feuerungstechn. 1940 S. 77.

[3] Seberich: Brennst.-Chemie 1936 Heft 1.

höhere Werte vor (in Einzelfällen bis zu 7%). Der Staubgehalt des Rohgases liegt bei Vollast zwischen 2,5 bis 4,5 g/Nm³. Bei Teillast liegen die Werte niederer.

Die Entfernung dieses Staubes verlangt Reinigungseinrichtungen, die über den ganzen Lastbereich einen ausreichenden Reinigungsgrad ergeben, wobei naturgemäß die Entfernung gerade der feinsten Staubteilchen die größten Anforderungen stellt. Ein zu großer Reststaubgehalt im Reingas bewirkt nicht nur einen erhöhten Zylinder-, Kolben- und Ventilverschleiß, sondern lagert sich in den Rohrleitungen, Gasmischern und Ansaugkanälen des Zylinderkopfes ab und ist häufig Ursache von Betriebsstörungen.

Die Reiniger unterteilt man zweckmäßigerweise in Grobreiniger, in denen vorwiegend der gröbere und soweit als möglich der

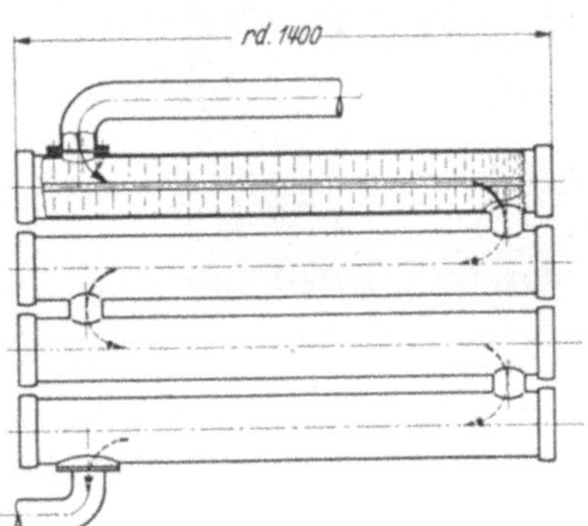

Abb. 69. Prallblechreiniger, es werden bis zu 7 derartiger Reiniger in Hintereinanderschaltung verwendet.

Abb. 70. Einbau der Reiniger hinter dem Führerhaus.

feine Staub ausgeschieden wird und in Feinreiniger, die zur Entfernung des feinen Reststaubes dienen.

Die älteste Reinigungsart sind die Prallblechreiniger (Abb. 69). Durch eine Vermehrung der Anzahl derartiger hintereinandergeschalteter Reiniger suchte man zunächst die Reinigerwirkung zu verbessern, ohne aber den gewünschten Erfolg zu erzielen. Die Wirkungsfähigkeit derartiger Reiniger gegenüber den kleinsten Staubteilchen hört überhaupt auf oder kann höchstens bei Anwesenheit größerer Feuchtigkeitsmengen in den letzten Reinigern noch bis zu einem gewissen Grad bestehen. Bekannt ist die Anordnung nach Abb. 70, bei welcher die Prallblechreiniger übereinander hinter dem Führerhaus angeordnet werden. Das Gas tritt vom Gaserzeuger in den untersten Reiniger ein und strömt oben aus. Zur Verbesserung der Reinigerwirkung und gleichzeitigen Kühlung wird bisweilen der unterste Reiniger teilweise mit Wasser gefüllt, das zunächst verdampft und hernach in den kälteren oberen Reinigern wieder kondensiert und zurückfließt. Dabei wird der Staub weitgehend an das Wasser gebunden. Am häufigsten wurden die Prallblechreiniger unter dem Wagenaufbau nach der Abb. 71 eingebaut. Auf eine leichte Entleerbarkeit der einzelnen Reiniger ist Rücksicht zu nehmen.

Wie bereits erwähnt, ergeben diese Prallblechreiniger nur dann eine einigermaßen brauchbare Reinigung, wenn genügend Feuchtigkeit vorhanden ist. Dann dienen diese Reiniger gleichzeitig als Kühler und

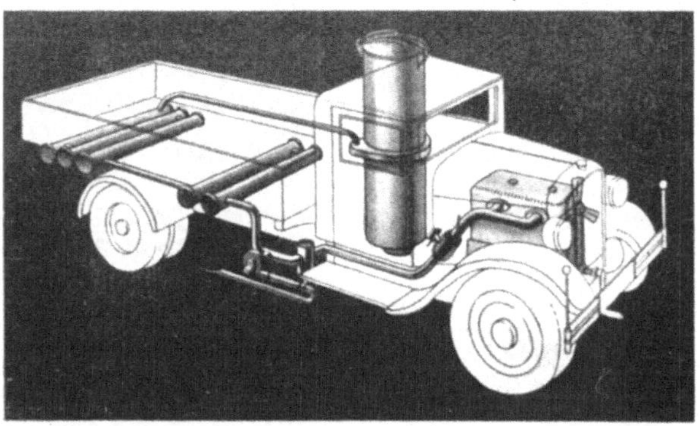

Abb. 71. Einbau der Reiniger unter dem Wagenaufbau.

müssen daher vom Fahrwind bestrichen werden. Der Gasstrom ist so durch die Prallbleche zu leiten, daß das Gas möglichst innig mit der kalten Wand in Berührung kommt.

Das Gas verläßt die Prallblechreiniger im allgemeinen mit einem Staubgehalt von 200 bis 500 mg/m³ Gas. Man ordnet daher hinter den Reinigern noch ein Feinfilter an (s. S. 103).

Eine derartige Einrichtung reicht zur Not noch aus, wenn es sich um kleinere Staubmengen wie bei Holz und Holzkohle handelt. Nachteilig ist jedoch ihre umständliche Entleerung und Reinigung, die regelmäßig durch Ausspritzen mit Druckwasser erfolgen muß.

Bei Imbert (Abb. 49) wird das aus dem Gasreiniger abziehende, noch heiße Gas in einem an der Stirnseite des Fahrzeuges quer zur Fahrtrichtung liegenden Absitzbehälter geleitet, der zum Teil mit Wasser gefüllt ist. Dort setzen sich die gröberen Unreinigkeiten ab, gleichzeitig gibt das Gas einen Teil seiner fühlbaren Wärme an das Wasser ab. Über dem Absitzbehälter sitzt der dem Motorkühler vorgebaute Gaskühler, in dem das Gas vollends unter den Taupunkt abgekühlt wird. Das Kondenswasser fließt zu einem Teil wieder in den Absitzbehälter zurück. Anschließend erfolgt die Feinreinigung des Gases in einem mit Korkabfällen gefüllten Feinreiniger, in dem auch das mechanisch mitgerissene Wasser zurückgehalten wird.

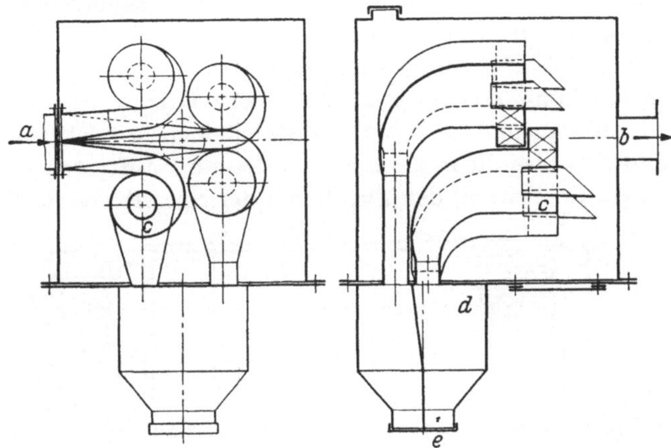

Abb. 72. Walther-ter-Linden-Staubabscheider. *a* Gaseintritt, *b* Gasaustritt, *c* Reinigerelemente, *d* Staubkammer, *e* Deckel.

Zur Entfernung des trockenen Staubes aus dem Gas wurden eine Reihe gut wirkender Staubabscheider entwickelt, die möglichst unmittelbar hinter dem Gaserzeuger in die Gasleitung eingebaut werden müssen. Die Wirkung dieser Abscheider beruht auf dem Schleuderprinzip. Der Gasstrom wird auf eine hohe Geschwindigkeit gebracht und dann umgelenkt. Dabei werden die Staubteilchen von dem Gas getrennt und sammeln sich in einem Staubbehälter an.

In den Walther-ter-Linden-Staubabscheider (Abb. 72) treten die Gase durch einen tangentialen Eintritt, der sich über 180° des Umfangs erstreckt, ein und werden von der Mitte aus durch ein axiales Rohr abgesaugt. Im Abscheider sind keine weiteren Einbauten untergebracht. Die Konstruktion strebt die Bildung eines störungsfreien Abscheiderwirbels an. Bei waagerecht liegender Achse wird der ausgeschiedene Staub in einem anschließenden Bogen nach unten abgelenkt

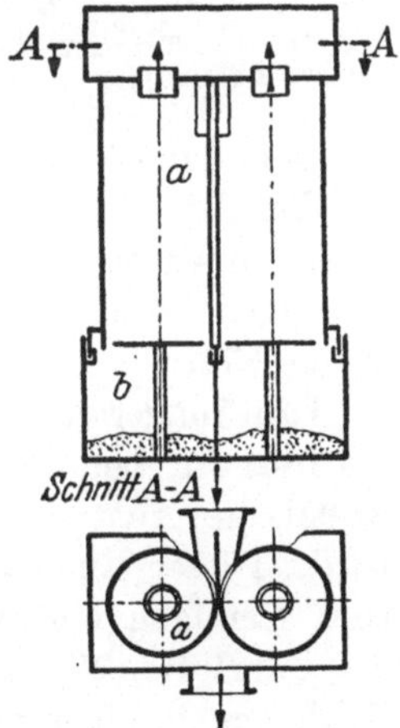

Abb. 73. Wisco-Staubabscheider nach Prof. Feifel. *a* Entstauberkammer, *b* Absetzkammer.

und sammelt sich in einem Behälter an. Dieser Abscheider hat bei kleinen Druckverlusten einen guten Abscheidungsgrad. Je nach der verlangten Gasmenge werden mehrere Reinigerelemente parallel geschaltet.

Der Wisco-Staubabscheider nach Feifel (Abb. 73) läßt das Gas ebenfalls tangential in die Entstauberkammer eintreten. Die dadurch hervorgerufene Strömung gleichen Dralls ergibt wachsende Beschleunigungen nach innen, wobei sich jedes Staubteilchen asymptomisch einer Sperrfläche nähert, in der die Fliehkraft mit der radial nach innen gerichteten „Schleppkraft" im Gleichgewicht ist. Der Durchmesser dieser Sperrfläche bestimmt das noch ausscheidbare Grenzkorn. Der in der Sperrfläche zurückgehaltene Staub wird in einen windstillen Absetzraum abgeführt, wobei die in der Schleuderkammer auftretenden Nebenströmungen (Doppelwirbel) den Staub von der Sperrfläche in die Rand-

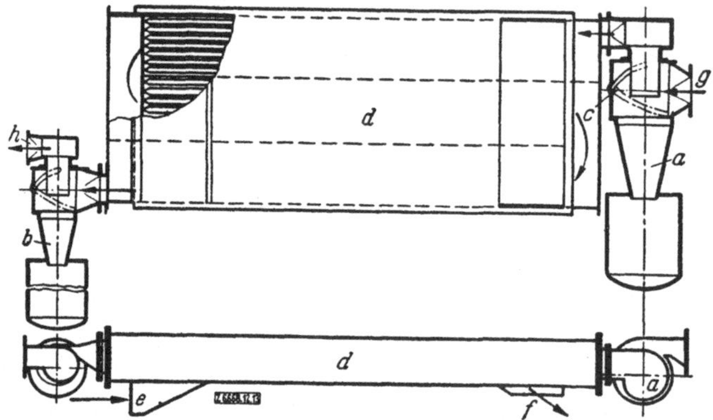

Abb. 74. van Tongeren-Staubabscheider. *a* Trocken-Schleuderreiniger, *b* Kondensat-Schleuderreiniger, *c* Staubrinne, *d* Gaskühler, *e* Fahrlufteintritt, *f* Luftaustritt, *g* Gaseintritt, *h* Gasaustritt.

zonen und in die Absetzkammer tragen. Der in Abb. 73 dargestellte Entstauber hat zwei parallel geschaltete Schleuderzellen und wird bisweilen noch mit einem in der Mitte befindlichen Absetzraum für die stückigen Verunreinigungen versehen, die sonst die sehr kleinen tangentialen Eintrittsöffnungen verstopfen würden.

Van-Tongeren-Staubabscheider. Der Entstauber (Abb. 74), nach van Tongeren, benutzt zur Staubaustragung ebenfalls den Doppelwirbel, wobei die Austragung durch eine eingebaute Staubrinne unterstützt wird. Dieser Entstauber wird zusammen mit dem Kühler als ein Satz zum Reinigen und Kühlen des Gases geliefert. Als Kühlmittel dient die Fahrluft. Neu an dieser Reinigung ist die Verwendung von zwei Zyklonen, je einer vor und hinter dem Kühler. Der erste bewirkt eine Trockenreinigung bei Gaseintrittstemperaturen, die über dem Taupunkt liegen. Der letzte dient zur Ausscheidung der Kondensate (Wasser, Teer).

Alle diese Schleuderreiniger gewährleisten nur eine genügende Entstaubung bis zu einer bestimmten untersten Grenze, die etwa bei einer Korngröße von (10 bis) 15 bis 20 μ liegen dürfte. Während die größeren

Staubteilchen mit Erfolg zurückgehalten werden, können die kleinsten Teilchen durch den Entstauber hindurchtreten. Nach vorliegenden Untersuchungen kann man bei einem guten Schleuderreiniger mit einem Entstaubungsgrad von höchstens 96 bis 99% bei Vollast rechnen.

Sämtliche Fliehkraftstaubabscheider haben bei einer Grenzlast ihren höchsten Abscheidungsgrad, der bei niederer Belastung geringer wird. Gut bewährt haben sich zwei hintereinandergeschaltete Abscheider, wobei man allerdings einen zusätzlichen Druckverlust mit in Kauf nehmen muß. Letzterer beträgt bei Vollast und Einbau unmittelbar hinter dem Gaserzeuger (Heißgas) je Reiniger 30 bis 50 mm WS, so daß auch bei zwei hintereinandergeschalteten Staubabscheidern der Druckverlust noch tragbar ist. Im zweiten Abscheider werden im Fahrbetrieb bis zu 10% des Staubanfalls im ersten Abscheider zusätzlich ausgeschieden.

Zwecks Entfernung des Reststaubes muß in allen Fällen vor dem Mischer noch ein Feinreiniger geschaltet werden. Imbert verwendet, wie bereits erwähnt, einen mit Korkstückchen gefüllten Behälter. Andere Firmen verwenden keramische Filterkörper wie Raschigringe, Berlsättel oder Stahlspäne. Bedingung ist, daß die Filtermassen leicht durch Ausspritzen gereinigt werden können. Bei Brennstoffen mit einem geringen Restteergehalt (Anthrazit, Schwelkoks und bisweilen Holzkohle) ist dies schwierig.

Beim Eintritt in das Feinfilter ist das Gas bereits gekühlt, wobei die Teerdämpfe kondensieren und der größte Teil des Teeres sich in den Füllkörpern niederschlägt. Eine Reinigung ist nur durch Anwendung chemischer Lösungsmittel (z. B. P_3-Lösung oder Cehapongrün) möglich. Dies ist jedoch eine schmutzige und umständliche Arbeit, die man nach Möglichkeit dem Fahrer ersparen sollte. Ein einfaches und wirksames Filtermaterial ist Holzwolle, die nach eingetretener Verschmutzung weggeworfen und verbrannt werden kann. Voraussetzung ist, daß das Filter so gebaut ist, daß es leicht gereinigt und die Holzwolle leicht ausgewechselt werden kann, z. B. durch herausnehmbare Einsätze u. dgl. Nach den Erfahrungen des Verfassers stellt feinfaserige Holzwolle das zuverlässigste und billigste Filtermaterial dar, besonders dann, wenn im Feinfilter noch kleine Teermengen anfallen.

Der nach Durchgang durch den Schleuderreiniger noch im Gas enthaltene Reststaub scheidet sich stets von der Stelle an aus, an der sich aus dem Gas die ersten Kondensate (Wasser und Teernebel) ausscheiden, also dort, wo das Gas seinen Taupunkt unterschreitet. Dies ist meist im Kühler der Fall, daher wirkt dieser gleichzeitig als Feinreiniger und muß so bemessen werden, daß alle Teile leicht zugänglich sind und gereinigt werden können.

Ein Waschen des Gases durch Öl, gibt zwar eine sehr weitgehende Entstaubung. Das Waschöl wird jedoch mit steigendem Staubgehalt immer dickflüssiger und läßt sich schwer wechseln. Ein derartiger Ölwechsel stellt eine sehr schmutzige Arbeit dar, besonders die Reinigung der Filter selbst, daß man diese billigerweise dem Fahrer nicht zumuten kann. Daher muß von der Verwendung von Ölfiltern abgeraten werden.

Nachteilig sind Petroleum oder Gasöl als Reinigungsflüssigkeit infolge der damit verbundenen Verdünnung des Motorschmieröls, da es sich nicht vermeiden läßt, daß ein Teil der Flüssigkeit mit in den Motor gerissen wird.

Eine sehr gute Filterwirkung haben Tuchfilter. Voraussetzung ist jedoch dabei, daß das Gas teerfrei ist und seine Temperatur über dem Taupunkt liegt, da Teer und Kondenswasser das Tuch rasch gasundurchlässig machen. Daher ist eine dauernde Kontrolle der Gaseintrittstemperatur in das Filter von Wichtigkeit. Solche Filter lassen sich bei der trockenen Vergasung von Holzkohle, Anthrazit und Schwelkoks anwenden, bei den letzten beiden Brennstoffen vorzugsweise in Verbindung mit einem Querstromgaserzeuger. Gute Ergebnisse lieferten Filtertücher aus Zellwolle.

Auch bei Braunkohlenbrikett wurde ein Tuchfilter bereits mit Erfolg verwendet, jedoch darf infolge des verhältnismäßig hohen Wassergehalts der Briketts die Gastemperatur vor dem Filter nicht unter 80° C sinken.

Zwecks Regelung der Gaseintrittstemperatur können je nach der Außentemperatur wahlweise ein längerer oder ein kürzerer Gasweg vor das Filter vom Führersitz aus geschaltet werden.

Das Gas muß mit kleinen Geschwindigkeiten das Tuch durchströmen. Bei niederen Außentemperaturen ist die Gefahr des Einfrierens groß, ganz besonders nach Betriebspausen. Auch durch zu hohe Gastemperaturen werden die Filtertücher rasch zerstört. Die Feuchtigkeit des Brennstoffes darf besonders beim Querstromverfahren unter Verwendung eines Tuchfilters einen bestimmten Höchstwert nicht überschreiten, der bei Anthrazit etwa 4 bis 5% beträgt.

Abb. 75 stellt ein Tuchfilter dar, das bei trockener Holzkohlenvergasung verwendet wird, während das in Abb. 76 gezeigte Daimler-Benz-Filter zur Gasreinigung vorwiegend bei Anthrazitvergasung dient. Um den Restteer im Gase und auch einen Teil des Gasschwefels zu beseitigen, tritt das Gas zuerst durch eine Schicht von Aktivkohlenpulver hindurch und erst dann durch die Filtertücher. Da die Aufnahmefähigkeit der Aktivkohle beschränkt ist, muß diese in kürzeren Zwischenräumen ausgewechselt werden.

Der Druckverlust in den Reinigern und Kühlern muß so niedrig wie möglich gehalten werden, da die Motorleistung bei höheren Unterdrücken stark abfällt. Der Druckverlust im Kühler und Reiniger sollte auch bei großen Anlagen möglichst 500 mm WS nicht überschreiten.

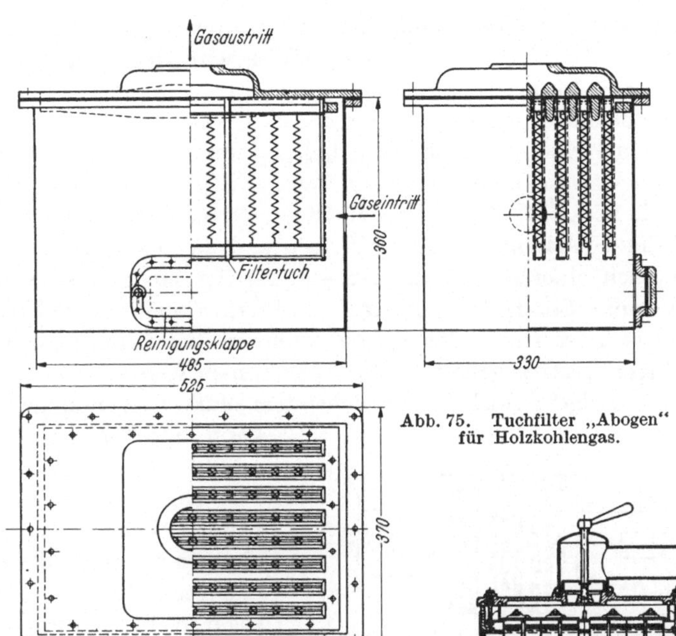

Abb. 75. Tuchfilter „Abogen"
für Holzkohlengas.

Dies bedingt auch eine sorgfältige Ver-
legung der Rohrleitung, wobei Rohrkrümmer auf das äußerst notwendige Maß beschränkt bleiben müssen.

Eine Reinigung ist dann als ausreichend
anzusehen, wenn der Reststaubgehalt hinter den Reinigern unter 50 mg/Nm³ liegt.
Dies läßt sich beispielsweise mit zwei
hintereinandergeschalteten, gut arbeitenden Schleuderreinigern zusammen mit
einem Holzwollefeinfilter bei vorausgehen-
der ausreichender Abkühlung des Gases
erreichen.

Die Ausscheidung des Teeres bei Vergasung nicht restlos teerfreier Brennstoffe
wie Anthrazit und Schwelkoks, erfolgt teilweise in den Feinfiltern. Ein anderer Teil
wird jedoch in Dampfform mitgerissen und
kondensiert hinter der Lufteintrittsstelle
im Mischer. In diesem Falle hat es sich
als vorteilhaft erwiesen, zwischen Lufteintrittsstelle und Gemischdrosselklappe

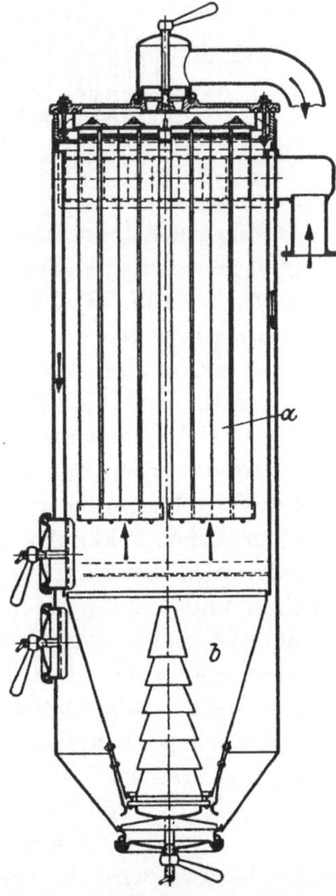

Abb. 76. Tuchfilter von Daimler-
Benz für Anthrazitgas. *b* Aktivkohle.

noch ein leicht zu reinigendes Prallblechfilter, z. B. nach der Skizze
Abb. 77, nachzuschalten. Auf diese Weise wird der Teer vom Motor
ferngehalten. In diesem Zusammenhange soll nicht unerwähnt bleiben,
daß sich der nieder siedende Restteer aus Braunkohlenbriketts dadurch
von dem aus Holz unterscheidet, daß ersterer auch nach Erkalten des
Motors noch flüssig bleibt, und nur, wenn er in größeren Mengen auftritt,
die Ventile verklebt. Anders der Holzteer, der nach Erkalten des Motors
sowohl die Ventile als auch den Kolben und die Kolbenringe festklebt,
so daß nach einer derartigen Verteeerung der Motor restlos überholt
werden muß. Ein Holzgaserzeuger muß daher unter allen Umständen
ein praktisch teerfreies Gas liefern, während bei Braunkohlenbriketts
ein geringer Restteergehalt in Kauf genommen werden kann, da dieser
von den Reinigern noch in ausreichendem Maße aufgenommen werden

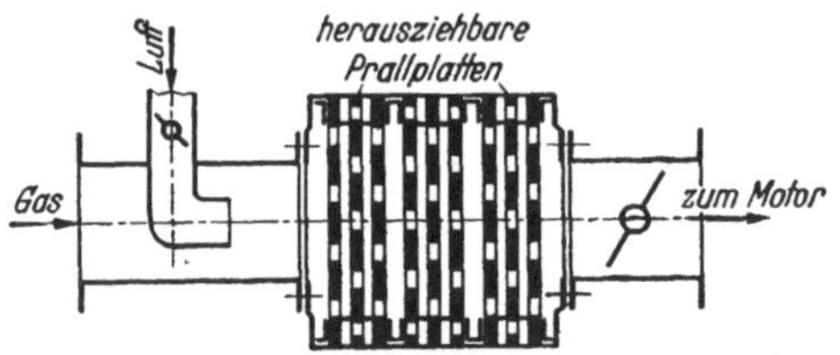

Abb. 77. Anordnung eines Teerabscheiders mit
herausziehbaren Prallplatten.

kann und für den Motor unschädlich ist.

Van Tongeren sucht die bereits kondensierten Teerdämpfe in einem dem Kühler nachgeschalteten zweiten oder sogar in einem zwischen Mischdüse und Motor liegenden weiteren Schleuderreiniger aus dem Gas zu entfernen.

Die Lurgi-Apparatebaugesellschaft hat das in Großentstaubungsanlagen bewährte Elektrofilter in eine dem Fahrbetrieb angepaßte Form
gebracht (s. Abb. 78). Im Innern sind mehrere gelochte Blechmäntel
konzentrisch angeordnet, wobei abwechselnd der eine mit dem Filtergehäuse verbunden wird, der andere isoliert aufgehängt ist. Diese
Blechmäntel sind die Elektroden, und zwar die isoliert aufgehängten,
die Sprühelektroden und die anderen die Niederschlagselektroden. Die
Elektroden werden mit hochgespanntem, gleichgerichtetem Strom von
15000 Volt Spannung aufgeladen, wobei sich zwischen den Elektroden
ein elektrisches Feld aufbaut. Durch die Zwischenräume der Elektrodenzylinder wird das zu reinigende Gas hindurchgesaugt, wobei die Staubteilchen und etwaige Kondensationskerne (Teer und Wasser) an den
Niederschlagselektroden zurückgehalten werden. Die Reinigerwirkung
ist eine sehr gute. Das Filter muß bei Vergasung von Braunkohlebrikett nach 8 bis 10 Betriebsstunden auseinandergenommen und gereinigt werden, während beispielsweise bei Steinkohlenschwelkoks eine
Reinigung erst nach 40 bis 50 Betriebstunden notwendig ist. Zur Erzeugung des hochgespannten, gleichgerichteten Stromes dient ein besonderes Aggregat, dessen Schaltung aus Abb. 79 ersichtlich ist. Der
Wagenbatterie wird der primäre Gleichstrom entnommen, in einem Einankerumformer in Wechselstrom umgeformt, anschließend in einem

Umspanner auf 15000 Volt gebracht und in einem rotierenden Gleichrichter, der auf der Umformerwelle sitzt, gleichgerichtet. Die Leistungsaufnahme beträgt 120 bis 140 Watt. Im allgemeinen muß daher die normale Lichtmaschine verstärkt oder durch Einbau einer größeren Übersetzung auf höhere Drehzahl gebracht werden.

Die größten Schwierigkeiten macht das Entfernen der chemischen Verunreinigungen im Gas, besonders der Schwefelverbindungen. Neben den Verbindungen von Schwefel mit Sauerstoff und Wasserstoff (SO_2, SO_3, H_2S) kommen noch Schwefel-Siliziumverbindungen (s. S. 110) im Gas vor. Erstere wirken nach der Verbrennung im Motor in Gegenwart von Wasser, also nach dem Erkalten des Motors, korrodierend und bewirken unter Umständen einen zusätzlichen Motorverschleiß,

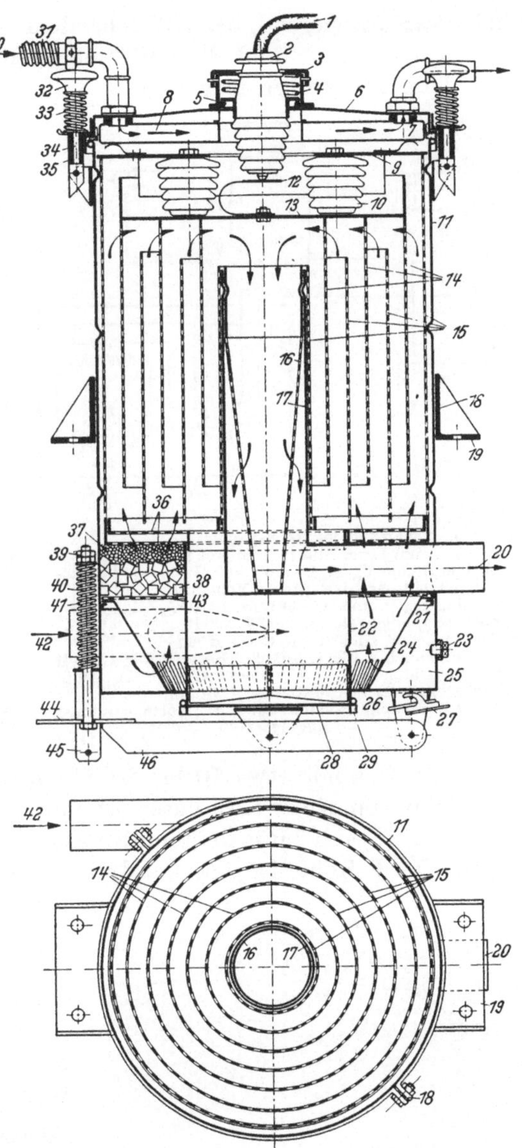

Abb. 78. Lurgi-Elektrofilter. *1* Hochspannungskabel, *2* Durchführungsisolator, *3* Verschlußkappe, *4* Druckfeder, *5* Dichtungsring, *6* Filterdeckel, *7* Deckeldichtung, *8* Heizkörper für Auspuffgas, *9* Isolatorenträger, *10* Stützisolator, *11* Filtergehäuse, *12* Kontaktfeder, *13* Sprühelektrodenhalter, *14* Sprühelektroden, *15* Niederschlagselektroden, *16* Kontrollfilter, *17* Innenstandrohr, *18* Befestigungsschelle, *19* Tragpratze, *20* Reingasaustritt, *21* Tragwinkel, *22* Innenrohr, *23* Kontrollstopfen, *24* Überlaufloch, *25* Wasserringraum, *26* Sprudeleinsatz, *27* Schnellverschluß, *28* Ablaßklappe, *29* Dichtung, *30* Heizgaseintritt, *31* Metallschlauch, *32* Handmutter, *33* Druckfeder, *34* Klappschraube, *35* Distanzrohr, *36* Siebböden, *37* Sattelfüllkörper, *38* Raschigringe, *39* Spannmuttern, *40* Spannbolzen, *41* Druckfeder, *42* Rohgaseintritt, *43* Siebboden, *44* Fußtritt, *45* Anschlag, *46* Fußhebel.

und zwar vorwiegend bei stillstehendem Motor, aber auch die Gasleitungen, Reiniger und Auspufftöpfe werden angegriffen. Soll daher eine derartige Anlage längere Zeit außer Betrieb genommen werden, so sind alle diese Teile sorgfältig zu entlüften. Dies erfolgt am einfachsten dadurch, daß man nach Erkalten des Gaserzeugers den Motor einige Minuten mit flüssigem Brennstoff leer laufen läßt. Der Schwefelgehalt des Gases liegt bei Ruhranthrazit zwischen 0,4 und 0,9 g/Nm³, bei Steinkohlenschwelkoks zwischen 1,0 und 2,5 g/Nm³. Einen besonders hohen Wert gab ein Schwelkoks aus mitteldeutscher Braunkohle mit 3 bis 6 g/Nm³.

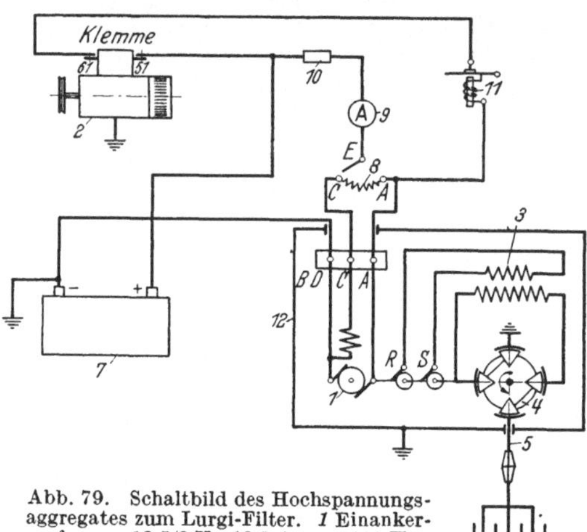

Abb. 79. Schaltbild des Hochspannungsaggregates zum Lurgi-Filter. *1* Einankerumformer 12,5/8 V, 12,5 Amp., 100 Hz., *2* Bosch-Lichtmaschine für 12 Volt mit Spannungsregler und Rückstromschalter, *3* Hochspannungstrafo 9/15 000 V, 100 Hz, *4* Mechanischer Gleichrichter, *5* Hochspannungskabel, *6* Elektrofilter, *7* Batterie für 12 Volt, *8* Regulierwiderstand, *9* Amperemeter 0—15 Amp., *10* Sicherung oder Selbstschalter, *11* Summer zur Schaltkontrolle, *12* Schutzkasten für das Hochspannungsaggregat.

Die I.G. Farbenindustrie hat auf ihrem technischen Prüfstand in Oppau das in Abb. 80 gezeigte Feinfilter entwickelt, in das das vorgereinigte Gas mit etwa 70 bis 80° C eintritt. Das Filter besteht aus Schichten von Holzwolle, Fasertorf und F-Kohle. Die Holzwolle soll den groben Staub zurückhalten, der Fasertorf den feinen und die Teernebel. Die F-Kohle ist eine katalytische Aktivkohle, die das Gas von den Schwefelverbindungen reinigt. Zwecks Zurückhaltung des Abriebs an Aktivkohle leitet man das Gas nochmals durch eine Schicht von Fasertorf hindurch. Die Schichtstärken betragen:

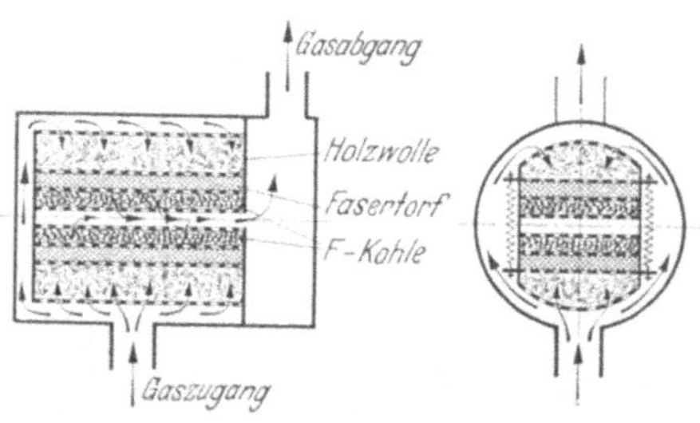

Abb. 80. Feinreiniger der I.G. Farbenindustrie.

Holzwolle	5 cm
Fasertorf	15 „
F-Kohle	10 „
Fasertorf	5 „

Die erforderliche Filterfläche beträgt 0,3 m²/100 m³ Gas. Dabei ergibt sich ein Druckverlust von 200 mm WS. Die Holzwolle muß nach 5000 km erneuert werden. Der Fasertorf wird nach dieser Laufzeit ausgeklopft oder ausgewaschen und erst nach 10000 bis 15000 km

ersetzt. Die F-Kohle ist nach 10000 km gesättigt und nimmt etwa
die ihrem Eigengewicht entsprechende Menge Schwefel auf.

Die Schwefel-Sauerstoffverbindungen können zu einem Teil an
Wasser gebunden, d. h. durch Waschen entfernt werden, während das

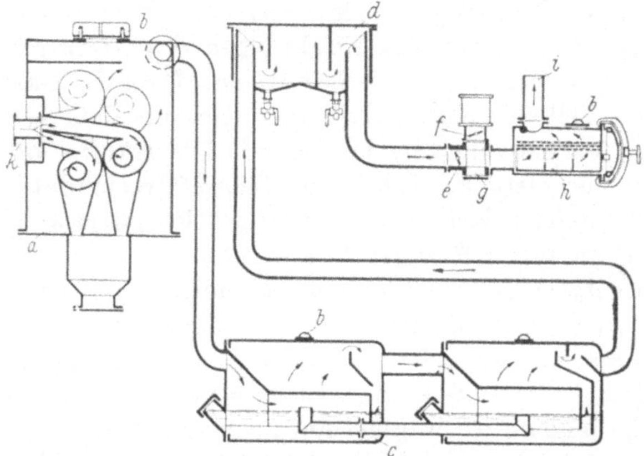

Abb. 81.　Gaswäscher Bauart Humboldt-Deutz für Anthrazitgas.　*a* Schleuderreiniger Bauart
Walther-ter Linden, *b* Sicherheitsventil, *c* Wasserreiniger, *d* Wasserabscheider, *e* Gasdrosselklappe,
f Luftdrosselklappe, *g* Mischdüse, *h* Stoßplatten-Abscheider, *i* zum Motor, *k* vom Gaserzeuger.

Lösungsvermögen von Wasser gegenüber H_2S nur gering ist. Infolge
der allmählich eintretenden Sättigung des Wassers ist dieses täglich zu
erneuern. Das Absorptionsvermögen von Wasser kann durch Zusätze

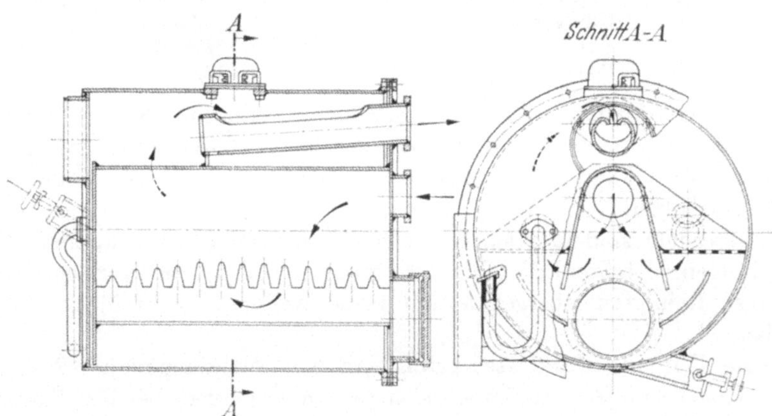

Abb. 82.　Naßreiniger Bauart Burwain.

(z. B. Raffleurmasse) etwas gesteigert werden. Derartige Gaswäscher
werden derzeitig nur noch vereinzelt verwendet (s. Abb. 81 und 82), da
sie im allgemeinen den Erwartungen nicht entsprochen haben. Ein
Teil des Wassers wird nämlich vom Gas mitgerissen und läßt sich

kaum von diesem trennen. Dadurch gelangen größere Wassermengen in den Motorzylinder und rufen dort anscheinend zusätzliche Korrosionen hervor. Zahlenmäßige Angaben lassen sich nicht machen, doch lassen die spärlich vorliegenden Angaben über die Höhe der Motorabnützung eine Erhöhung der letzteren bei Verwendung von Gaswäschern erkennen. Auch die Erfahrungen des Verfassers im reinen Versuchsbetrieb scheinen dies zu bestätigen. Da auch Gaswäscher nur einen kleinen Teil der Schwefelverbindungen aus dem Gas entfernen, muß durch Verwendung schwefelarmer Brennstoffe dafür gesorgt werden, daß der restliche Anteil von Schwefelverbindungen im Gase in tragbaren Grenzen bleibt. Der zulässige Gesamtschwefel im Brennstoff kann etwa mit 1% angegeben werden.

Eigenartigerweise scheiden sich hinter einem Gaswäscher bei Anthrazitbetrieb stets größere Mengen Teer aus dem Gase aus, als ohne Gaswäscher. Diese Erscheinung ruft zusätzliche Verschmutzungen in den Rohrleitungen, insbesondere im Mischer, hervor. Auch dies ist mit ein Grund, weshalb heute Gaswäscher nur noch vereinzelt anzutreffen sind.

Die Schwefel-Siliziumverbindungen (oder auch Silizium-Wasserstoffverbindungen?) lassen sich aus dem Gas nicht entfernen und verbrennen im Motor zu Kieselsäure, die sich als weißer Niederschlag ausscheidet. Eine Untersuchung eines derartigen Niederschlages im Verbrennungsraum des Motors ergab bei Anthrazitgas folgendes:

Beschaffenheit: leichtes, voluminöses, weißgraues Pulver

Trockenverlust	1,7 %
Glühverlust	3,38%
SiO_2	69,2 %
$Fe_2O_3 + Al_2O_3$	16,1 %

Da diese Siliziumverbindungen erhebliche zusätzliche Motorabnützungen hervorrufen, muß ihre Bildung bereits im Gaserzeuger verhindert werden; dies kann durch Zusatz von Wasserdampf zur Vergasungsluft geschehen.

Außerdem sind in allen Gasen noch ammoniak- und ähnliche Verbindungen enthalten, die aber zum größten Teil an das Kondenswasser in den Reinigern übergehen und keine weiteren nachteiligen Folgen haben.

Die Kühlung des Gases erfolgt an den Wandungen der Reiniger und Rohrleitungen. Es haben sich jedoch besonders bei der Kühlung sehr feuchter Gase Schwierigkeiten ergeben, da beim Befahren großer Steigungen und bei hohen Außentemperaturen sehr große Kühlflächen erforderlich werden.

Man verwendet heute entweder Vorsatzkühler, die als Röhren- oder Lamellenkühler dem Wasserkühler des Motors vorgebaut werden und durch den Fahrwind eine gute Kühlwirkung ergeben oder Röhrenkühler, die unter dem Fahrzeugaufbau meist quer zur Fahrtrichtung untergebracht werden. Letztere bestehen aus einer Anzahl parallel geschalteter Rohre, deren lichter Durchmesser nicht unter 30 mm betragen darf (Ver-

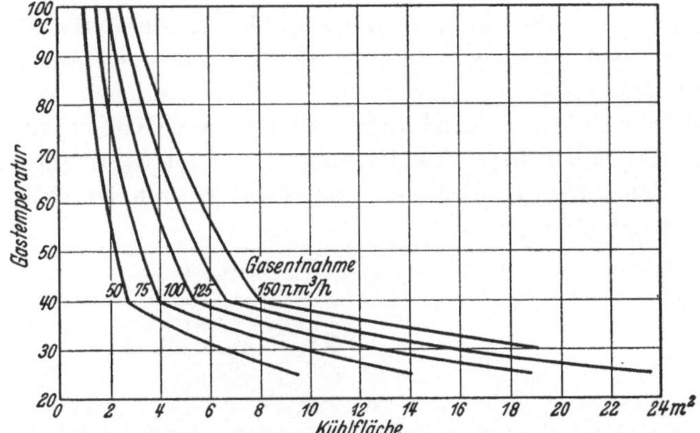

Abb. 83. Berechnete Kühlung von Holzgas in Funktion der Kühlfläche. Voraussetzungen: Wärmedurchgangszahl 14 kcal/m²h, keine Erwärmung der 20° warmen Kühlluft, Taupunkt des Gases 40° C.

schmutzungsgefahr!) und die sich leicht reinigen lassen. Bei Verwendung von Vorsatzkühlern ist es zweckmäßig, zur Erhöhung der Kühlwirkung an dem Motor einen Ventilator mit höherer Blaswirkung vorzusehen.

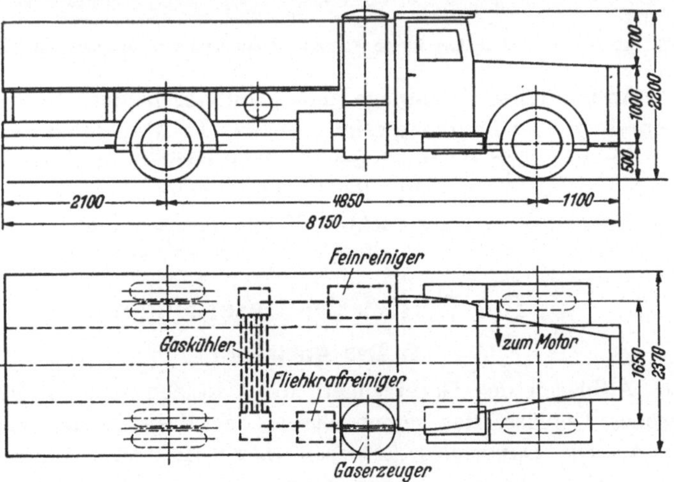

Abb. 84. Einbau einer Gasanlage in ein Fahrzeug.

Zur Vorausberechnung der erforderlichen Kühlfläche kann die Abb. 83 dienen[1]. Dabei ist ein Taupunkt von 40° C als Mittelwert

---

[1] Nach Dr. Tobler: Techn. Hochschule Zürich.

angenommen. Für feuchtere Gase muß die Kühlfläche entsprechend vergrößert werden.

In einem solchen Vorsatzkühler wird das Gas unter seinen Taupunkt abgekühlt. Es fallen daher stets größere Mengen Kondenswasser an, die sich in einem unter dem Gaskühler angebrachten Abscheider sammeln (s. Abb. 49). Nachteilig sind die hohen Herstellungskosten dieser Vorsatzkühler, da ihre Form dem vorhandenen Wasserkühler angepaßt werden muß. Außerdem neigen diese Kühler zu Staubablagerung, die sich infolge der Bindung des Staubes an das Kondenswasser bilden. Der Kühler muß daher öfters mit Druckwasser ausgespritzt werden.

Abb. 85. Einbau einer Gasanlage in ein Fahrzeug (Daimler-Benz-Anthrazit mit Tuchfilter).

Den Anbau einer Gasanlage mit Staubabscheider, Röhrenkühler und Feinreiniger im Fahrzeug zeigt Abb. 84. In Abb. 85 ist der Einbau einer Anthrazitanlage (Daimler-Benz) mit Tuchfilter und dem erforderlichen Kühlsystem dargestellt. Bei Rechtsverkehr wird der Gaserzeuger zweckmäßigerweise auf der rechten Fahrzeugseite eingebaut.

J. Der Betrieb des Gaserzeugers.

1. Das Anblasen.

Zum Anblasen des Gaserzeugers dient in den meisten Fällen ein elektrisches Gebläse, das seinen Strom der Batterie des Fahrzeuges entnimmt. Die Dauer des Anblasens hängt in erster Linie von der Gebläseleistung ab, die jedoch durch die Belastungsfähigkeit der Batterie begrenzt ist. Als zulässige Stromstärke, die der Gebläsemotor aufnehmen darf, kann etwa $1/_{10}$ der Kapazität der Batterie in Amperestunden (Ah) angesehen werden, also $J = \dfrac{\mathrm{A\,h}}{10}$ in Ampere. Die meisten Gebläse sind für 12 Volt gebaut, so daß bei einer Batterie von 105 Ah eine größte Leistung des Elektromotors von etwa 120 Watt zulässig ist. Wenn auch bisweilen diese Stromstärke, besonders bei Anthrazitbetrieb, überschritten wird, so empfiehlt es sich zwecks Entlastung der Batterie in diesem Falle einen Motor von 24 Volt an beide Starterbatterien in Hintereinanderschaltung anzuschließen, so daß man eine Motorleistung von 240 Watt zur Verfügung hat, die für alle Fälle ausreichend ist. Dies empfiehlt sich bei allen mittleren und schweren Fahrzeugen, die heute durchweg mit 24 Volt-Anlagen ausgerüstet sind, bei Betrieb mit Anthrazit und Schwelkoks, während für Holz und Braunkohlenbrikett eine elektrische Leistung von 120 Watt vollkommen ausreicht. Unter eine Leistung von etwa 60 bis 80 Watt sollte man nicht heruntergehen, da sonst das Anblasen zu lange dauert.

Die Förderleistung der Gebläse ist je nach dem zu überwindenden Unterdruck verschieden. Als unterste Grenze kann bei Holz und Braunkohlengas etwa eine Anblasmenge von 20 bis 25 Nm^3/h und bei Anthrazitgas von 40 Nm^3/h angesehen werden.

Die Dauer des Anblasens aus dem kalten Zustand beträgt im Mittel mit einer Gebläseleistung von 30 Nm^3/h:

     bei Braunkohlenbrikett 7 bis 8 min
     „ Holz   4 „ 5 „

mit einer Gebläseleistung von 40 Nm^3/h:

     bei Steinkohlenschwelkoks 3 bis 5 min
     „ Anthrazit   5 „ 7 „

Kleinere Gebläseleistungen sollten bei Anthrazit und Schwelkoks mit Rücksicht auf das Wiederanblasen nach Betriebspausen nicht gewählt werden, da andernfalls infolge der geringeren Reaktionsfähigkeit des ausgeglühten Brennstoffes das Wiederanblasen zu lange dauern würde.

Soll das Anblasen des Gaserzeugers mit dem Motor des Fahrzeuges selbst erfolgen, indem dieser mit flüssigem Brennstoff betrieben wird, so können die angegebenen Anblasezeiten unterschritten werden. Auch das Wiederanblasen nach Betriebspausen wird dabei beschleunigt. In diesem Falle kann man das elektrische Gebläse entbehren, muß jedoch einen zusätzlichen Verbrauch von flüssigem Brennstoff in Kauf nehmen, der bei täglichem Betrieb mit mehrmaligem Anblasen etwa mit monatlich 20 bis 30 l in Rechnung zu stellen ist. Im Diesel-Gasverfahren ist dieses Anblaseverfahren üblich, doch ist es bei Gaserzeugern mit metallischen Herden mit Vorsicht anzuwenden, da bei zu scharfem Anheizen Wärmespannungen entstehen können. Schnelles Aufheizen verursacht bei Holz und Braunkohlenbrikett einen unzulässigen Abbrand von Holzkohle bzw. Koks, denn bis zum Schwelbeginn des Brennstoffes wird eine bestimmte Zeit benötigt. Außerdem können bei schnellem Anblasen leicht größere Teermengen bis in den Motor gerissen werden; daher bei teerhaltigen Brennstoffen nicht zu schnell anheizen! Bei teerfreien Brennstoffen, wie Anthrazit u. a., kann das Aufheizen bei Düsengaserzeugern ohne nachteilige Folgen beliebig rasch vorgenommen werden, während bei solchen Gaserzeugern, bei denen die Glutzone direkt auf dem Rüttelrost liegt, auf den letzteren Rücksicht genommen werden muß, da er bei Fehlen des Wasserdampfes, solange der Gaserzeuger noch kalt ist, bei zu scharfem Aufheizen verschmoren kann.

Die Gebläse können als Saug- oder Druckgebläse angebaut werden. Bei Vergasung teerhaltiger Brennstoffe, also bei Abwärtsvergasung, bevorzugt man mit Rücksicht auf das Anzünden das Sauggebläse, das möglichst nahe an dem Motor anzuschließen ist, damit zum Anlassen sofort ein zündfähiges Gemisch vom Motor eingesaugt werden kann. In diesem Falle muß jedoch das Gebläse den vollen Widerstand der Rohrleitungen und der Reiniger überwinden, so daß die Gebläseleistung infolge des erhöhten Unterdruckes zurückgeht. Diesen umgeht man beim Druckgebläse (s. Abb. 66), das die Luft in den Gaserzeuger drückt; das Gas wird dann hinter dem Gaserzeuger durch einen Kamin hindurch direkt ins Freie geblasen. Sobald das Gas brennt, wird der Kamin geschlossen und das Gas durch das Gebläse bis vor den Motor gedrückt, so daß der Motor beim Anlassen sofort ein zündfähiges Gemisch bekommt. Dieses Druckanblasen wird bei Aufwärtsvergasung bevorzugt; ebenfalls läßt es sich bei Düsengaserzeugern, wenn eine besondere Anzündvorrichtung vorhanden ist, mit Vorteil anwenden. Auch bei allen anderen Bauarten bietet das Druckanblasen Vorteile, setzt jedoch auch hier Anzündvorrichtungen voraus, die aber durchaus möglich sind. Durch das Druckanblasen wird das Anlassen des Motors erleichtert.

Beim Ingangsetzen des Gaserzeugers unter Verwendung eines Sauggebläses ist darauf zu achten, daß der Motor nicht zu früh angelassen wird. Sobald man brennbares Gas an der Ausblaseleitung feststellt, wartet man zweckmäßigerweise mit dem Anlassen des Motors noch 2 bis 3 min. Wird zu früh angelassen, so kommt es häufig vor, daß der Motor nach kurzer Zeit infolge Gasmangels bzw. Verschlechterung des Gases (als „Loch" des Gaserzeugers bezeichnet) wieder stehenbleibt. Es dauert stets eine gewisse Zeit, bis sich die Glühzone genügend ausgebreitet hat. Erst dann kann ein Gaserzeuger ein gleichmäßig gutes Gas auch bei höherer Gasgeschwindigkeit in der Brennstoffschicht liefern. Bei Verwendung eines Druckgebläses wird der Anlaßvorgang durch gleichzeitiges Einschalten des Druckgebläses leichter über das „Loch" des Gaserzeugers hinübergebracht werden. Springt der Motor nicht sofort an, so führt eine häufige Wiederholung des Anlassens leicht zu einem Beschlagen der Zündkerzen durch Feuchtigkeit. In diesem Falle müssen die Zündkerzen ausgetauscht und getrocknet werden.

Dauert der Anblasevorgang beim Holzgaserzeuger länger als 8 bis 10 min, so haben sich über der Brennzone Hohlräume gebildet (Hohlbrenner), die durch Nachstochern durch die Füllöffnung hindurch (Vorsicht bei keramischen Herden!) zerstört werden müssen. Nach dem Anspringen des Motors geht man langsam auf Drehzahl, wobei in den meisten Fällen infolge Gasverschlechterung die Verbrennungsluft am Motor etwas gedrosselt werden muß, um ein Stehenbleiben zu verhindern. Nach kurzer Zeit kommt der Motor rasch auf Drehzahl; damit ist das „Loch" des Gaserzeugers überwunden und der Motor kann auf Leistung gebracht werden.

Beim Holzgaserzeuger kommt es trotz Beachtung aller vorstehenden Punkte vor, daß das Gas schlecht bleibt. Die Ursache kann darin liegen, daß der Holzkohlespiegel an der Luftzutrittsstelle zu tief abgesunken ist, als Folge übermäßiger Hohlraumbildung oder Verwendung zu nassen Holzes. In diesem Falle öffnet man den Fülldeckel und läßt den Gaserzeuger 10 bis 15 min qualmen. Dabei verkohlt weiteres Holz, so daß der Holzkohlespiegel wieder seinen normalen Stand erhält. Man kann auch durch Aufschüren des Holzkohlenbettes bzw. Betätigen eines Rüttelrostes den Anblasevorgang erleichtern.

Soll der Gaserzeuger nach Betriebspausen wieder in Gang gebracht werden, so ist in ähnlicher Weise zu verfahren. Auch in diesem Falle neigt der Holzgaserzeuger zu Hohlraumbildungen. Es empfiehlt sich daher, nach Betriebspausen bei mehr als 10 min vor der Wiederinbetriebnahme nachzustochern. Auch beim Anthrazitgaserzeuger macht bisweilen die Wiederinbetriebnahme nach langen Betriebspausen Schwierigkeiten. Vielfach hilft auch hier ein kräftiges Durchrühren des Feuerbettes mittels einer Stochstange.

Vor der Außerbetriebnahme eines Holzgaserzeugers muß der Füllraum möglichst bis zu $^3/_4$ leer gefahren sein. Danach muß der Fahrer das Tanken einrichten. Wird dies nicht beachtet, so wird die Holzkohle infolge des aus dem Holzvorrat nachverdampfenden Wassers naß, ebenso das unmittelbar über der Feuerzone liegende Holz, das bis zu 45% Feuchtigkeit aufnehmen kann. Dadurch wird die Wiederinbetriebnahme erschwert, unter Umständen sogar unmöglich gemacht. Gaserzeuger mit teerfreien Brennstoffen können jederzeit außer Betrieb genommen werden.

2. Reinigen der Gasanlage.

Den geringsten Arbeitsaufwand für die Reinigung der Anlage beanspruchen die Holzkohlengaserzeuger. Hier ist es nur nötig, von Zeit zu Zeit den Aschefall unter dem Rost zu entleeren, da die flockige Asche durch die Rostspalten hindurchfällt.

Bei den Holzgaserzeugern ist es nötig, den Rost täglich einmal durchzurütteln. Am besten geschieht dies vor der Inbetriebnahme. Dabei fallen die Asche- und feinen Holzkohleteilchen (Abrieb) in den Aschefall, außerdem wird die Holzkohle aufgelockert. Ein zu häufiges Rütteln ist zu vermeiden, da sonst der Holzkohlespiegel zu weit absinkt und das Holz in die Verbrennungszone hinein nachrutscht. Dadurch wird das Anblasen erschwert, außerdem kann das Gas Teerdämpfe mitführen (Gefahr der Verteerung des Motors). Lediglich nach einigen tausend Fahrtkilometern empfiehlt es sich, den Gaserzeuger leerzuziehen und die Holzkohle zu erneuern. Die Notwendigkeit einer derartigen Erneuerung zeigt sich an dem allmählichen Sinken der Motorleistung und an der Steigerung des Unterdruckes, dadurch kenntlich, daß die Verbrennungsluft am Mischer mehr und mehr gedrosselt werden muß, um auf Motorleistung zu kommen. Am wenigsten Wartung benötigen manche Gaserzeuger für Braunkohlenbrikett, wenn eine Überbeanspruchung vermieden wird und geeigneter Brennstoff zur Vergasung kommt.

Gaserzeuger für Anthrazit und Schwelkoks kann man über Nacht durchbrennen lassen. Die Notwendigkeit der Entleerung des Feuerherdes richtet sich nach dem Schlackenanfall, der bei den einzelnen Bauarten sehr verschieden ist.

Die Schleuderreiniger müssen in regelmäßigen Abständen entleert werden und bedürfen sonst keiner weiteren Reinigung. Alle übrigen Teile müssen von Zeit zu Zeit mit Druckwasser ausgespritzt werden, besonders die Absitzbehälter, Gaskühler und Feinreiniger. Bei letzteren müssen auch die Filterkörper regelmäßig gereinigt bzw. erneuert werden (Erneuerung der Holzwolle). Nach einigen tausend Kilometern ist es notwendig, den Mischer und das Ansaugerohr auszubauen und unter Umständen durch Ausbrennen zu reinigen. Auch der Teer-Plattenabscheider ist nach etwa 500 km durch Abbrennen der Platten zu entteeren.

3. Der Ottobetrieb.

Die Ottomotoren arbeiten bei Sauggas stets mit höheren Verdichtungen als mit flüssigen Brennstoffen, um durch Erhöhung des thermischen Wirkungsgrades und der Zündgeschwindigkeit wenigstens teilweise die Minderleistung gegenüber Vergaserkraftstoffen auszugleichen. Diese erhöhte Verdichtung bedingt jedoch bei gleichem Elektrodenabstand der Zündkerzen höhere Zündspannungen, durch welche die Isolation der übrigen Zündapparate, wie sie für Benzinbetrieb gebräuchlich sind, auf die Dauer zu hoch beansprucht wird. Man versucht diesem Übelstand dadurch zu begegnen, daß man den Elektrodenabstand der Zündkerzen verkleinert. Dies geht jedoch auf Kosten der

Intensität des Zündfunkens, wodurch ein Teil der durch die Höherverdichtung gewonnenen Vorteile durch die Verschlechterung der Zündung wieder verlorengeht. Die gewöhnlichen Zündapparate sind bestenfalls noch für ein Verdichtungsverhältnis von $\varepsilon = 7$ geeignet. Für höhere Verdichtungen müssen stärkere Apparate bzw. Zündspulen verwendet werden. Eine Verstärkung des Zündfunkens bringt auch Vorteile beim Anlassen des Motors mit sich, da ein solcher Apparat bereits bei den niederen Anlaßdrehzahlen einen genügend starken Funken liefert. Außerdem wird der Anlaßvorgang begünstigt durch Einbau einer Abschnappkupplung in den Zündapparat zwecks Erhöhung der Zündspannung beim Anlassen.

Vielfach sind auch die verwendeten Anlasser und Batterien zu schwach, da für die hohe Verdichtung größere Anlaßmomente benötigt werden. Die Folge der Verwendung zu schwacher Anlasser sind Überlastungen und zu kleine Anlaßdrehzahlen, die ein sicheres Anspringen, besonders in kaltem Zustand, nicht gewährleisten. Bei einem Hubvolumen über 8 l und einer Verdichtung von $\varepsilon = 8$ an aufwärts, empfiehlt sich die Verwendung von 24 Volt-Anlassern, wie sie bei Fahrzeug-Dieselmotoren üblich sind.

Die Zündkerzen bedürfen einer besonders sorgfältigen Auswahl wegen der gegenüber Benzinbetrieb gesteigerten Anforderung. Mit der Verdichtung des Motors wachsen die Spitzentemperaturen und damit die notwendigen Glühwerte der Kerzen. Die verschiedenen Gasarten verlangen hinsichtlich der zur Verwendung gelangenden Kerzen eine sorgfältige Auswahl. Zu empfehlen sind demontierbare Kerzen, die leicht gereinigt werden können und auch regelmäßig gereinigt werden müssen. Der erforderliche Glühwert der Kerzen richtet sich nach der Verdichtung des Motors, der Bauart des Gaserzeugers, dem Brennstoff und der Betriebsweise. Bei eigenen Fahrversuchen wurde festgestellt, daß z. B. für Holzkohlengas Boschkerzen mit Glühwerten 145 oder 175 verwendet werden konnten, während in demselben Fahrzeug bei Übergang auf Holzgas 225er Kerzen erforderlich waren, ohne daß an der Verdichtung des Motors etwas geändert worden wäre. Für den erforderlichen Glühwert der Kerze ist neben der Verdichtung des Motors und dem Heizwert besonders der Wasserstoffgehalt des Gases bestimmend. Beobachtungen an verschiedenen Zündkerzen zeigten, daß bei Glühzündungen aus dem Aussehen der Isoliersteine in der Regel nichts besonderes zu erkennen war; lediglich die Elektrodenspitzen hatten Glühspuren aufzuweisen. Dies war immer dann der Fall, wenn das Gas einen hohen Wasserstoffgehalt aufzuweisen hatte und der Motor eine gute Leistung ergab. Der Wasserstoffgehalt bedingt daher sehr hohe Spitzentemperaturen an den Elektroden, während sich der Glühwert der Kerzen auf eine mittlere Kerzentemperatur bezieht.

Bei Anthrazit ergibt das nasse Vergasungsverfahren vorübergehend ein sehr wasserstoff- und heizwertreiches Gas, besonders dann, wenn nach kurzfristiger Lastminderung (z. B. nach Durchfahren von Ortschaften) wieder im Vollgas gefahren wird. Infolge von Glühzündungen gibt der Motor heftige Ansaugeknaller, die sich auch bei 225er Kerzen nicht vermeiden lassen. Diese Knaller hören meist nach einiger Zeit wieder auf, können aber bei langen Dauerleistungen, wenn der Gaserzeuger auf hohen Temperaturen ein sehr heizwertreiches Gas liefert, während längerer Zeit anhalten. In solchen Fällen wird man vorerst mit der Verdichtung nicht über $\varepsilon = 7$ hinausgehen. Im allgemeinen empfiehlt es sich, keine größeren Verdichtungen, wie $\varepsilon = 8$ zu wählen. In besonderen Fällen wird man eher noch etwas darunterbleiben. Für diese Verdichtungen sind folgende Glühwerte ausreichend:

Brennstoff	Glühwert der Kerzen
Holzgas	175—225
Braunkohlenbrikett	145—175
Anthrazit nasses Verfahren	175
Anthrazit trockenes Verfahren	145

Eine übermäßige Erhöhung der Verdichtung ist auch aus dem Grunde zu vermeiden, da infolge des trägen Verbrennungsverlaufs von Sauggas solche Stellen des Motorbrennraumes, die an und für sich schon der Gefahr von Wärmestauungen ausgesetzt sind, bei zu hoher Verdichtung zu Glühzündungen neigen. Aus diesem Grunde ist auch eine Leistungserhöhung durch Vorverdichten des Gasluftgemisches (Aufladen des Motors) im allgemeinen nicht oder nur in bescheidenen Grenzen möglich. Solche Glühzündungen bewirken Zündrückschläge in das Ansaugrohr, die man nur behelfsmäßig durch Drosseln der Ansaugeluft, d. h. durch einen Betrieb bei Luftmangel überbrücken kann. Dadurch sinkt natürlich die Motorleistung erheblich ab.

4. Der Diesel-Gasbetrieb.

Im Zuge der durch den Krieg beschleunigten Umstellung auch der Dieselfahrzeuge auf Gaserzeugerbetrieb verursachte der Motor zusätzliche Umbauschwierigkeiten. Beim Übergang zum Ottobetrieb wären neue Zylinderköpfe, ferner Zündeinrichtungen an Stelle der Einspritzpumpe erforderlich. Die Beschaffung dieser Umbauteile ist mit erheblichen Kosten verbunden, außerdem durch Lieferungsschwierigkeiten erschwert. In dieser Zwangslage erinnerte man sich eines alten, längst abgelaufenen Dieselpatentes, das für die Zündung eines noch unter dem Selbstentzündungspunkt verdichteten Gas-Luft-Gemisches einen leichter entzündlichen Brennstoff, im vorliegenden Falle Gasöl, vorsah. Man glaubte dadurch ohne Änderungen am Motor eine Umstellung auf Gaserzeugerbetrieb mit Gasölzündung vornehmen zu können. Dabei hätte sich auch ein Wechselbetrieb mit Gasöl allein ermöglichen lassen.

So verlockend diese Aufgabe ursprünglich war, die Umstellung brachte jedoch manche Schwierigkeiten. Die Motoren waren nämlich durchweg sehr empfindlich auf die Einstellung der Verbrennungsluft. Diese Einstellung war zwar auf dem Prüfstand bei gleichbleibender Drehzahl und Lastverhältnissen leicht möglich, im Fahrzeugbetrieb ist jedoch ein dauerndes Nachregulieren notwendig, das von dem Fahrer viel Fingerspitzengefühl verlangt, andernfalls gibt es dauernd Rückzündungen in das Ansaugerohr. Diese Knaller können auch ihre Ursache im Verbrennungsraum des Motors selbst haben in Form von Wärmestauungen an vorspringenden Kanten, toten Winkeln, zerklüfteten Verbrennungsräumen. Es zeigte sich daher mehr und mehr, daß ein einwandfreier Gasbetrieb mit Diesel-Ölzündung besonders angepaßte Verbrennungsräume im Motor, also neue Zylinderköpfe, verlangte, und daß die einfache Umstellung der normalen Dieselmotoren ohne Auswechseln der Köpfe im allgemeinen als Behelf anzusehen war. In dieser Hinsicht verhalten sich jedoch die Maschinen mit direkter Einspritzung etwas günstiger als Vorkammermaschinen.

Der Diesel-Gasbetrieb verlangt im allgemeinen eine geringe Ermäßigung der Verdichtung um etwa 10%, doch konnten auch bereits zufriedenstellende Umbauten mit der üblichen Dieselverdichtung vorgenommen werden. Bei Vorkammermaschinen empfiehlt sich eine Abänderung oder bisweilen sogar Entfernung des Vorkammereinsatzes. Infolge der Verschiedenheit der Einspritzsysteme lassen sich keine allgemein gültigen Angaben machen. Weiter ist eine Änderung der Einspritzcharakteristik der Einspritzpumpen durch Auswechseln der Reglerfedern notwendig, damit die fallende Förderung der Pumpen bei kleineren Motordrehzahlen etwas ausgeglichen wird. Manche Motoren ergeben nach einer derartigen Umstellung einen wenigstens nahezu zufriedenstellenden Betrieb, andere nicht.

Der Diesel-Gasmotor neigt in den meisten Fällen zum Knallen. Eine Besserung konnte man damit bisweilen erreichen, daß man zwischen Gemisch-Drosselklappe und Motoransaugrohr eine Zweitluftzufuhr so anordnete, daß diese Zweitluftmenge etwa für reinen Dieselleerlauf (kleine Drehzahl) ausreichte. Wichtig ist jedoch für den praktischen Betrieb, daß auch im Motorleerlauf der Gaserzeuger stets noch etwas belastet ist. Dies verlangt eine höhere Einstellung der Leerlaufdrehzahl. Sollte dadurch die Gangschaltung erschwert werden, so muß eben beim Schalten die Drehzahl kurzzeitig ermäßigt werden.

Die geringe Leerlaufgasmenge stellt an den Gaserzeuger besonders hohe Anforderungen, dessen untere Grenzlast niedriger als beim Ottobetrieb liegen muß. Beim Holzgaserzeuger tritt sonst die Gefahr einer Verteerung ein. Man muß dem dadurch begegnen, daß man den Gaserzeuger auf keinen Fall zu groß wählen darf, eher zu klein. Für die

Bestimmung der Größe des Gaserzeugers muß man eine um etwa 20 bis 30% kleinere Motorleistung zugrunde legen, auch die Einschnürung des Herdes wählt man bei Holzgaserzeugern im Diesel-Gasbetrieb etwas kleiner.

Die unbestreitbaren Vorteile des Diesel-Gasverfahrens liegen in der sofortigen Betriebsbereitschaft und in der hohen Motorleistung, die teilweise gleich der Dieselleistung oder nur wenig geringer ist.

Die Nachteile sind darin zu erblicken, daß der Fahrer dauernd seine Aufmerksamkeit der richtigen Einregulierung der Verbrennungsluft widmen muß. Dabei empfiehlt es sich, stets mit so wenig Luft zu fahren, daß man ziemlich nahe an der Grenze für das Einsetzen der Knaller liegt. In diesem Falle kann man das notwendige Nachregulieren auf ein erträgliches Maß zurückführen. Außerdem ist die Wärmebeanspruchung der Einspritzdüsen höher als beim Volldieselbetrieb, so daß diese öfters ausgewechselt werden müssen.

Die Angaben über die Zündölmenge schwanken stark. Bei guter Einregulierung des Motors muß man mit 4 bis 6 l auf 100 km Fahrtstrecke als Durchschnittsverbrauch auskommen. Bei häufigem Schalten und Fahren auf kleinen Gängen nimmt der Zündölverbrauch naturgemäß zu. Bei Prüfstandmessungen verhalten sich die Wärmeverbrauchszahlen in kcal/PSh von Dieselöl:Sauggas wie 1:3, so daß man bei einer Gesamtausbeute φ im Durchschnitt auf

$$1 \text{ kg festen Brennstoff} = \frac{(H_u)_{\text{Gas}} \cdot \varphi}{3 \cdot (H_u)_{\text{Gasöl}}} \text{ kg Gasöl benötigt } [\varphi = \text{Gasausbeute}].$$

Bei der Umstellung gebrauchter Motoren auf Diesel-Gasbetrieb stellt man vielfach eine ganz ungewöhnliche Steigerung des Schmierölverbrauches fest. Dies findet seine natürliche Erklärung in dem um den Unterdruck in der Gasleitung erhöhten Ansaugeunterdruck im Verbrennungsraum des Motors, der besonders bei nicht mehr gut passenden Kolben als Ursache anzusehen ist. In diesem Falle baut man einen zusätzlichen Ölabstreifring in den Kolben ein; wodurch sich der Übelstand meist beheben läßt.

5. Veränderung des Motorschmieröls.

Im praktischen Betrieb fällt zunächst rein äußerlich die bereits nach kurzer Betriebszeit eintretende Dunkelfärbung des Schmieröles auf. Außerdem wird das Schmieröl vielfach dickflüssiger, seine Viskosität nimmt zu. Diese Erscheinungen sind auf das Eindringen von Verbrennungsrückständen zurückzuführen. Eine Filtration des Schmieröls nach 120 Betriebsstunden[1] ergab bei einem Filtrationsrückstand von 7,14% an Verbrennlichem 65,39%. Letzteres bestand in der Hauptsache aus weicher Holzkohle und Ruß, die beide kaum eine zusätzliche

---

[1] Kühl: Schmierölalterung im Holzgasmotor, ATZ 1941 S. 395.

Motorabnützung zur Folge haben dürften. In dem unverbrennlichen Rest überwiegt das Fe_2O_3, das im wesentlichen aus den Korrosions- und Zunderungsabscheidungen der Rohrleitungen und Reiniger stammt. Daneben konnte noch SiO_2 und SO_3 neben einigen anderen Stoffen festgestellt werden. Diese letztgenannten Verunreinigungen des Motorschmieröls verursachen eine zusätzliche Motorabnützung, können aber bei sorgfältiger Reinigung des Gases dem Motor ferngehalten werden.

Ein Entfernen der mechanischen Verschmutzungen durch einfaches Filtrieren des Motorschmieröls ergab ein Filtrat, das nahezu dieselben Eigenschaften zeigte wie das Frischöl. Daraus geht hervor, daß im Gegensatz zu der üblichen Anschauung das Motorschmieröl im Sauggasbetrieb mehr geschont wird, wie bei Betrieb mit flüssigen Kraftstoffen, wenn nur die Reinigung des Gases dem Idealfall genügend nahekommt. Man wird daher so nahe wie möglich am Motor noch ein Feinfilter anbringen müssen, um auch die letzten Zunderungsteile aus dem Gas zu entfernen.

Bei den in das Öl gelangenden Schwebestoffen handelt es sich um mechanische Verunreinigungen des Gases. Teerige Bestandteile können nicht vom Schmieröl aufgenommen werden, da paraffinierte Schmieröle keine Lösungsfähigkeit gegenüber Holzteer haben.

Bei Verwendung schwefelhaltiger Brennstoffe nimmt die Neutralisationszahl (Säurezahl) des Schmieröles im allgemeinen etwas mehr zu als bei Holz, während die Versäuerung im letzten Falle nicht größer ist als bei flüssigen Kraftstoffen. Bei schwefelhaltigen Kraftstoffen empfiehlt sich daher, das Schmieröl etwas früher zu wechseln als bei Holz. Der notwendige Schmierölwechsel wird aber in allen Fällen in erster Linie durch den Reinigungsgrad des Gases, also durch die Wirksamkeit der Gasreiniger bestimmt. In dieser Hinsicht ist das Tuchfilter (s. S. 104ff.) allen anderen überlegen.

Untersuchungsergebnisse von Schmierölen zeigen bisweilen erhebliche Unstimmigkeiten, so daß ein Vergleich sehr schwer ist. Thurn gibt in der ATZ folgende Analysenwerte an (Ottomotor):

Fahrstrecke	Holzgas		Anthrazit		Anthrazit		Braunkohle	
km	neu	2050	neu	1000	neu	1700	neu	1763
Viskosität bei 50° C °E	5,9	7,6	11,46	11,27	7,8	8,06	11,46	13,29
Neutr.-Zahl mgKOH/g	0,02	0,08	0,04	4,32	?	?	0,04	0,36
Verseif.-Zahl mgKOH/g	0,17	1,57	0,27	10,9	?	?	0,27	2,68
Wassergehalt %	0	Spuren	—	Spuren	—	—	—	Spuren
Benzinunlösl. %	0	Spuren	—	Spuren	—	0,34	—	2,97
Ges.-Asche %	0	1,39	—	0,71	—	0,03	—	1,28
Nach der Reinigung:								
Viskosität bei 50° C °E	—	6,57	—	11,4	—	—	—	11,21
Neutr.-Zahl mgKOH/g	—	0,05	—	0,09	—	—	—	0,05
Verseif.-Zahl mgKOH/g	—	0,39	—	0,47	—	—	—	0,34

Sehr starke Abweichungen voneinander zeigen die beiden Analysenwerte des Anthrazitbetriebes. Auch die Werte des Braunkohlenbetriebes sind recht ungünstig, dürfen aber nicht verallgemeinert werden. Zum Vergleich sei ein Ergebnis aus eigenen Versuchen mit Braunkohlenbriketts mitgeteilt[1]:

Fahrstrecke km	Neu	Roh 4800	Schmutzfrei 4800
Viskosität bei 99° C °E	12,1	—	12,24
Neutral.-Zahl mgKOH/g	0,056	0,196	—
Verseif.-Zahl mgKOH/g	0,95	1,72	—
Wassergehalt %	0	0	—
Fremdkörper %	0	0	0
Gesamtasche %	0,07	0,733	0,012
Hartasphalt %	0	0,156	—
m Richt.-Konstant —	3,72	3,75	—
w_p Polhöhe —	2,3	2,35	—

Trotz der außerordentlich langen Fahrtstrecke sind die Schmierölveränderungen mäßig und gegenüber den in der vorhergehenden Übersicht genannten Werten klein. Dabei wurden während der ganzen Laufzeit nur 3,2 l Öl nachgefüllt. Weitere diesbezügliche Untersuchungen sind daher erforderlich.

6. Der Fahrbetrieb.

Wenn auch in der oberen Belastungsgrenze eines Gaserzeugers ein gewisser Spielraum vorhanden ist, so muß auf jeden Fall eine länger andauernde Überlastung vermieden werden. Bei Anthrazit würden infolge der damit verbundenen Temperatursteigerung Verschlackungen eintreten, bei Holz und ebenso bei Braunkohlenbrikett würde der Holzkohlespiegel bzw. der Koksspiegel absinken, da die Neubildung und der Verbrauch nicht mehr im Gleichgewicht sind. Dies ist an einer allmählichen Gas- und damit Leistungsverschlechterung festzustellen. Sollte dies bei einer Überlastung des Fahrzeuges vorkommen, so kann man die Holzkohle- bzw. Koksschicht wieder auf die richtige Lage bringen, indem man bei stillstehendem Fahrzeug den Fülldeckel öffnet und den Gaserzeuger längere Zeit qualmen läßt. Bei eingetretener Verschlackung im Anthrazitbetrieb muß der Feuerherd nach Erkalten entleert und entschlackt werden.

Bei Holz- und Brikettbetrieb ist es wichtig, rechtzeitig nachzutanken. Unter keinen Umständen darf der Gaserzeuger allzu weit leer gefahren werden, da sonst infolge Überhitzungen Beschädigungen am Herd, besonders bei metallischen Herden, eintreten könnten. Außerdem müßte die Holzkohle ergänzt werden, ehe der Gaserzeuger wieder

---

[1] Die Öluntersuchung wurde vom Techn. Prüfstand der I.G. Farbenindustrie durchgeführt.

vollgetankt wird. Anthrazitgaserzeuger können ohne Schaden vollständig leergefahren werden, bis die Gasverschlechterung einen Betrieb unmöglich macht. Besitzt ein Anthrazitgaserzeuger zwischen Bunker und Feuerherd einen leicht zu bedienenden Abschluß, so empfiehlt es sich, diesen etwa $1/4$ Stunde vor Beendigung der Fahrt abzuschließen und den Herdraum so weit als möglich leerzufahren. Läßt man dann den Gaserzeuger durch seinen natürlichen Zug über Nacht durchbrennen, so öffnet man am anderen Morgen die Absperrvorrichtung vor dem Anblasen, so daß in den oberen Teil des Feuerherdes neuer Brennstoff aus dem Bunker nachrutscht. Man erhält auf diese Weise rascher brennbares Gas.

Wird zu grobstückiges Holz gefahren oder ist das Nachrutschen durch Teerablagerungen über den Düsen gehindert, so bilden sich Hohlbrenner über der Glutschicht. Diese benachteiligen den Anzündvorgang und müssen durch Nachstochern zerstört werden. Sie kommen aber auch, besonders bei ebenen Fahrbahnen (Autobahn), während des Betriebes vor und sind kenntlich an der Gasverschlechterung. Meist brechen derartige Hohlräume während der Fahrt von selbst zusammen, so daß nur vorübergehend eine Gasverschlechterung eintritt, können aber auch ein Nachstochern während der Fahrt erforderlich machen. Auch einzelne große Holzstücke können Hohlbrenner bewirken. Diese sollten daher beim Tanken nach Möglichkeit ausgelesen werden, besonders dann, wenn es sich um sperrige Aststücke handelt. Bei anderen Brennstoffen wie Holz können keine Hohlbrenner entstehen.

Im Laufe des Betriebes zerfällt die Holzkohle im Feuerraum mehr und mehr, ganz besonders im Weichholzbetrieb bei hoher Dauerlast. Dies ist an einer langsamen Steigerung des Unterdruckes zu erkennen. Der Gaserzeuger muß dann nach Erkalten leergezogen und mit neuer Holzkohle aufgefüllt werden, wobei die alte Holzkohle ausgesiebt und wieder zugegeben werden kann. Eine derartige Erneuerung ist von der Beschaffenheit des zu vergasenden Holzes und von der Betriebsweise abhängig und wird etwa alle 2000 km erforderlich.

Bei Anthrazit und Schwelkoks reichert sich das Brennstoffbett im Feuerherd langsam mit gröberem Staub an, der dann allmählich neben den Schlackenablagerungen ein Ansteigen des Unterdruckes und eine Gasverschlechterung bewirkt. Dies tritt je nach Bauart des Gaserzeugers früher oder später ein, am frühesten bei der trockenen Vergasung. Dann ist der Feuerherd leerzuziehen und neu anzufüllen. Bei nasser Vergasung ist das etwa alle 800 bis 1000 km notwendig.

Die Korrosionen durch die Schwelkondensate führen bei Holzgaserzeugern zu einer allmählichen Zerstörung einzelner Stellen des Füllschachtes. Besonders gefährdet ist die Ausführung mit Zwischenmantel. Im letzteren Falle treten dann Teerdämpfe in das Gas über, die sich

nach Abkühlung unter ihren Taupunkt kondensieren und in den Rohrleitungen, dem Mischer und in den Ventilkammern absetzen. Infolge
Abhängigkeit des Taupunktes von dem jeweiligen Partialdruck der
Teerdämpfe ist es unmöglich, diese nachträglich in genügender Weise
aus dem Gas zu entfernen. Dieser Teer wird nach dem Erkalten fest
und verklebt die Drosselklappen, Ventile, Kolben und Kolbenringe und
kann nur in Verbindung mit einer Generalüberholung des Motors wieder
entfernt werden. Die beginnende Teerbeimischung zum Gase ist während
der Fahrt an der Steigerung der Motorleistung kenntlich. Sobald daher
diese über ihren Normalwert ansteigt, ist das ein sicheres Gefahrzeichen. Man kann zwar noch kurze Zeit weiterfahren; vor Erkalten
des Motors ist jedoch die Gasleitung abzunehmen und der Motor noch
etwa $^1/_2$ Stunde mit flüssigem Kraftstoff im Leerlauf zu halten. Ist
die Verteerung noch nicht zu weit vorgeschritten, so kann man dadurch
bisweilen eine kostspielige Motorüberholung vermeiden. Auf alle Fälle
muß dann sofort der Gaserzeuger auseinandergenommen und auf eine
schadhafte Stelle untersucht werden. Ähnliche Verteerungen können
auch durch Schäden am Feuerherd entstehen.

Beim Anthrazit- und Brikettbetrieb wirken sich teerige Bestandteile
im Gase, solange sie in kleineren Mengen auftreten, weniger nachteilig
aus als Holzteer. Die erstgenannten Teere werden nicht fest und rufen
in geringer Menge auch keine Motorstörungen hervor.

Wird ein Anthrazitgaserzeuger im nassen Vergasungsverfahren mit
zu wenig Wasserdampf gefahren, so klemmt der Rost fest. Bei erhöhtem Wasserdampfzusatz wird er dann meist wieder lose. Wird jedoch
der Gaserzeuger vom Anheizen an sofort hoch belastet, ohne daß bereits die Wasserdampfentwicklung eingesetzt hat, so kann der Rost verschmoren. Daher soll der Gaserzeuger vor Einsetzen der Wasserdampfbildung nur mäßig belastet werden.

Undichtigkeiten der Fülldeckel verschlechtern in allen Fällen das
Gas und machen besonders bei aufsteigender Vergasung einen Betrieb
unmöglich. Bei Holzgaserzeugern treten ferner, besonders bei nur zum
Teil gefülltem Füllraum, Explosionen auf. Daher sind Undichtigkeiten
sofort zu beheben und die Dichtung mit einer Öl-Graphit-Mischung von
Zeit zu Zeit einzuschmieren. Undichtigkeiten in der Rohrleitung erschweren besonders das Anlassen, da der Motor zwar anspringt, aber kurz
darauf wieder stehenbleibt. Durch Korrosionen in den Rohrleitungen
werden deren Wandungen langsam zerfressen, so daß Luft eingesaugt
wird. Am frühesten werden die Rohrkrümmer zerstört. Es empfiehlt
sich daher, besonders bei Anthrazit, keine dünnwandigen Blechrohre
zu verlegen, sondern unter 2 mm Wandstärke nicht herunterzugehen.

Durch Ablagerungen in den Rohrleitungen und Reinigern in Form
von Staub und auch durch Korrosionsrückstände wird der Unterdruck

in der Gasleitung langsam erhöht. Damit sinkt dann die Motorleistung. Die Leitungen und Reiniger sind daher in regelmäßigen Abständen (wöchentlich) auszuputzen, Anthrazit und Schwelkoks verursacht ferner Ablagerungen von Flugasche, die die Rohre allmählich mit einer festen Kruste überzieht, die sich aber nicht durch Ausspritzen entfernen läßt. Solche Rohrleitungen müssen in Abständen von etwa 8000 bis 10000 km abgebaut und durch Abklopfen gereinigt werden.

Besonderer Verschmutzung sind die Gasmischer, das Ansaugrohr und die Ventilkammern des Motors, ausgesetzt. Diese müssen nach etwa 5000 km abgebaut und gereinigt werden, andernfalls wird die Motorleistung immer schlechter.

Wichtig ist, daß der Motor stets mit heißem Kühlwasser von 80 bis 90° gefahren wird. Die Motorkühler sind daher entsprechend abzudecken (unter Umständen auch im Sommer), da beim Sauggasbetrieb geringere Wärmemengen in das Kühlwasser übergehen als bei flüssigen Kraftstoffen. Die Kühler sind daher nach Umstellung auf Gasbetrieb stets zu groß bemessen. Die Einhaltung dieser Temperaturen ist möglichst durch ein Thermometer zu überwachen und wird durch Einbau eines Thermostaten in die Kühlwasserabflußleitung erleichtert.

Unter allen Umständen muß vermieden werden, sowohl nach dem Anlassen als auch beim Fahren auf den kleinen Gängen die Motordrehzahl übermäßig zu steigern. Also besonders beim Befahren langer Steigungen, hauptsächlich im Anhängerbetrieb, auf Einhaltung der höchstzulässigen Motordrehzahl achten, wenn auch Minderleistung im Gaserzeugerbetrieb geradezu zu einem Übertouren des Motors verführt. Der Gewinn an Fahrzeit steht in keinem Verhältnis zu dem erhöhten Motorverschleiß und der Motor dankt eine rücksichtsvolle Behandlung durch eine längere Laufzeit zwischen zwei Überholungen. Zu empfehlen ist, schwächere Fahrzeuge (bis etwa 3 t) stets ohne Anhänger zu fahren und auch größere Fahrzeuge nicht durch einen allzu schweren Anhänger zu überlasten.

7. Die Trägheit des Gaserzeugers.

In den Abschnitten E und F wurde gezeigt, daß jedem Belastungsgrad eines Gaserzeugers eine bestimmte Temperatur in der Feuerzone entspricht. Wird die Gasentnahme plötzlich vergrößert, so vergeht eine gewisse Zeit, bis sich die Feuertemperatur der neuen Belastung angepaßt hat. Dies hat vorübergehend eine Gasverschlechterung und eine Minderleistung des Motors zur Folge. Dieses Nachhinken des Gaserzeugers macht sich im Fahrbetrieb nachteilig bemerkbar und wird als Trägheit des Gaserzeugers bezeichnet. Abb. 86 zeigt die Trägheitskurven eines Holzgaserzeugers. Aus der Vollast wurde plötzlich auf kleinen Leerlauf (Leerlaufgasmenge etwa 25 Nm³/h) übergegangen und

daran anschließend nach 5, 10, 15 und 20 min auf Vollast, wobei der
Motor mit seinem vollen Drehmoment belastet war. Der Drehzahl-
anstieg und damit die Motorleistung wurden in Abhängigkeit von der
Zeit gemessen. Nach 20 min Leerlauf dauerte es beispielsweise 10 min,
bis die ursprüngliche Leistung wieder erreicht war.

Diese Trägheit ist von der Bauart des Gaserzeugers, von dem Brennstoff und bei Holzgaserzeugern von der Brennstoffeuchtigkeit abhängig.
Mit zunehmendem Wassergehalt des Holzes kann die Trägheit so groß
werden, daß höchstens noch ein Notbetrieb auf den kleinen Gängen
des Fahrzeuges möglich ist. Beim Übergang auf den großen Gang würde
entsprechend der kleineren Gasbelastung das Gas sich rasch wieder

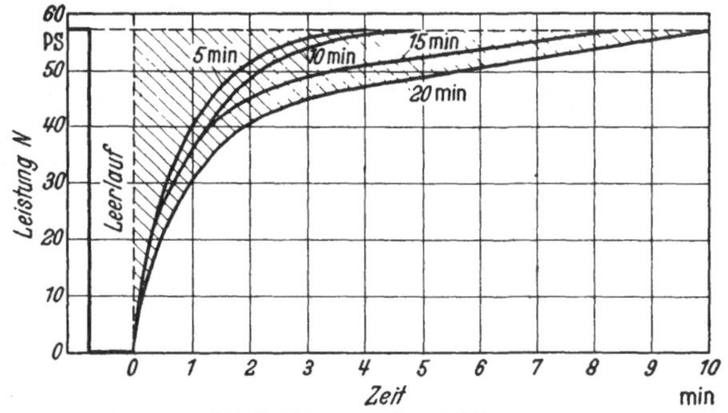

Abb. 86. Trägheitskurve eines Holzgaserzeugers.

verschlechtern und die durch die Trägheit des Gaserzeugers bedingte
zu kleine Motorleistung eine Steigerung der Geschwindigkeit verhindern,
ja sogar einen Betrieb im direkten Gang unmöglich machen. Besonders
nachteilig wirkt sich dies aus, wenn die Getriebeabstufung sehr groß
ist, wenn also bei zu kleiner Hinterachsuntersetzung die Getriebeunter-
setzungen zu weit auseinander liegen.

Die Trägheit eines Gaserzeugers kann durch Steigerung der Luft-
eintrittgeschwindigkeit in den Gaserzeuger günstig beeinflußt werden,
wobei jedoch infolge der damit verbundenen Erhöhung des Unterdruckes die Spitzenleistung sinkt. Ebenfalls wirkt sich eine Verkleinerung
der Herdabmessungen und damit der Feuerzone günstig aus, verringert
aber auf der anderen Seite die obere Grenzlast des Gaserzeugers.

Da sich alle diese Vorgänge wechselseitig beeinflussen, ist es notwendig, den Gaserzeuger stets sorgfältig auf den zugehörigen Motor
abzustimmen.

In ähnlicher Weise wie bei Holzgaserzeugern wird bei Anthrazitbetrieb die Trägheit des Gaserzeugers durch die Höhe des Wasserdampfzusatzes beeinflußt. Je mehr Wasser zugesetzt wird, um so langsamer
paßt sich der Gaserzeuger wechselnder Last an. Aus diesem Grunde
empfiehlt es sich, eine Vorrichtung vorzusehen, um die Wasserdampf-

zufuhr während längerer Talfahrten und auch im Leerlauf oder während Betriebspausen unterbrechen zu können.

Um die Trägheit des Gaserzeugers nach längeren Talfahrten und besonders bei daran anschließenden Steigungen zu überbrücken, hilft sich der Fahrer dadurch, daß er den Gaserzeuger durch Schließen der Luftklappen am Mischer und durch Gasgeben auf Temperatur hält. Infolge Fehlens der erforderlichen Verbrennungsluft kann das Gas im Motor nicht mehr verbrennen, so daß die Motorleistung nahezu gleich Null wird. Dieses Verfahren kann bei Anthrazitbetrieb bedenkenlos angewandt werden. Bei Holz und Braunkohlenbrikett ist jedoch ein gewisses Fingerspitzengefühl notwendig. Würde in diesem Falle zu viel Gas gegeben werden, so wäre der Gaserzeuger überlastet und die bereits bekannten Begleiterscheinungen könnten den weiteren Betrieb erschweren. Außerdem würde viel Holzkohlenstaub und unter Umständen auch stückige Holzkohle mitgerissen werden und die Reiniger überlasten. Daher in diesem Falle nur mäßig Gas geben und die genannten Maßnahmen auf das Notwendigste beschränken und nur bei Beförderung schwerer Lasten (Anhängerbetrieb) anwenden.

8. Der Brennstoffverbrauch und die Brennstoffkosten.

Die Wärmeverluste eines Gaserzeugers setzen sich aus folgenden Einzelverlusten zusammen:

1. Verluste durch fühlbare Wärme.
2. Flugstaubverluste.
3. Brennstoffverluste durch Rostaustrag.
4. Verluste an Restbrennstoff beim Entleeren des Gaserzeugers.

Bei den unter 1 bis 3 genannten Verlusten handelt es sich um die unvermeidlichen Betriebsverluste, die bei den Fahrzeuggaserzeugern zwischen 15 und 20% liegen. Durch besondere wärmetechnische Maßnahmen[1] lassen sich die Verluste verringern, wobei weniger die Möglichkeiten zur Einsparung von Brennstoff, als besonders Verbesserungen im Betriebsverhalten von Wichtigkeit sind. Diese Verluste werden daher bei den einzelnen Gaserzeugerbauarten verschieden sein und hängen auch von der Beschaffenheit des Brennstoffes, besonders von dessen Asche- und Wassergehalt, ab.

Der auf die Leistungseinheit bezogene spezifische Brennstoffverbrauch Be in kg/PSh beträgt bei den einzelnen Brennstoffen:

Holz (Wassergehalt 15—20%)	0,8 —0,9 kg/PSh
Holzkohle	0,44 „
Rhein. Braunkohlenbrikett	0,75—0,85 „
Anthrazit	0,4 —0,45 „
Steinkohlenschwelkoks	0,42—0,46 „

---

[1] Siehe Dr. Lutz: Verbesserungen des Fahrzeug-Holzgaserzeugers durch wärmetechnische Maßnahmen. ATZ 1940 S. 589—595; 1941 S. 142—148.

In diesen Verbrauchszahlen ist der Rostaustrag einbegriffen, nicht aber die Verluste beim Entleeren des Gaserzeugers. Der Rostaustrag von 8 bis 20% bei Braunkohlebrikett erhöht dabei den Brennstoffverbrauch besonders stark.

Bei Holzgaserzeugern ist neben dem Holzverbrauch noch ein zusätzlicher Verbrauch an Holzkohle zu berücksichtigen, der aber stark schwankend ist und von der Holzbeschaffenheit, insbesondere von der Holzfeuchtigkeit, und der Belastungsweise des Gaserzeugers abhängt (Abb. 87). Bei mäßiger Belastung ist der zusätzliche Verbrauch gering, so daß sich in diesem Falle der jeweilige Abbrand und die Neubildung der Holzkohle nahezu die Waage hält.

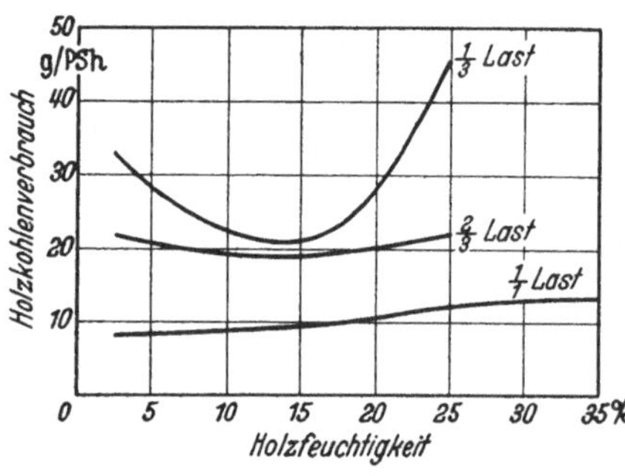

Abb. 87. Zusätzlicher Holzkohleverbrauch beim Imbert-Holzgaserzeuger (nach Dr. Lutz).

Für eine Neufüllung des Gaserzeugers wird je nach der Bauart eine Holzkohlenmenge von 10 bis 20 kg benötigt. Bei dauernd hoher Belastung des Gaserzeugers muß täglich der Holzkohlebestand ergänzt werden, wozu eine Menge von 2 bis 3 kg nötig ist. Am größten ist der zusätzliche Holzkohlenverbrauch bei Vergasung von Weichholz, der im praktischen Betrieb auf den doppelten Verbrauch gegenüber Hartholz ansteigt.

Bei Verwendung von Brennstoffen, die größere Mengen flüchtiger Bestandteile enthalten, entsteht unmittelbar nach der Außerbetriebnahme infolge Fortdauerns des Schwelvorganges für einige Zeit ein weiterer Abbrand, der dann in Rechnung zu stellen ist, wenn der Betrieb längere und häufige Fahrtunterbrechungen erforderlich macht. Dieser Abbrand betrug bei Buchenholz an einem Imbert-Gaserzeuger auf die wasserfreie Substanz bezogen:

nach 5 Min. Stillstand 0,4 kg   nach 20 Min. Stillstand 1,0 kg
nach 10 Min. Stillstand 0,7 kg   nach 30 Min. Stillstand 1,14 kg

Bei Gaserzeugern mit keramischer Auskleidung, die wärmespeichernd wirkt und den Schwelvorgang längere Zeit andauern läßt, ergaben sich unter denselben Verhältnissen folgende Werte:

nach 15 Min. Stillstand 3,2 kg   nach 45 Min. Stillstand   4,2 kg
nach 30 Min. Stillstand 3,9 kg

Läßt man einen Anthrazitgaserzeuger während der Nacht weiterbrennen, so ergibt dies einen Abbrand von 1 bis 2 kg/h. Dieser zusätzliche Verbrauch hält sich in tragbaren Grenzen, so daß man den Gaserzeuger ohne weiteres durchbrennen lassen kann.

Durch die Generatorkraft A.-G., Berlin, wurden einheitlich für das Reichsgebiet folgende Brennstoffkosten festgesetzt:

Holz, fertig zerkleinert und lufttrocken	Weichholz	22,50 RM/rm
	Laubholz	25,50 RM/rm
	Mischholz	24,00 RM/rm
Holzkohle (nur als Zusatzbrennstoff)		2,50 RM/15 kg
Torf		4,35 RM/100 „
Generatoren-Anthrazit		5,60 RM/100 „
Generatoren-Braunkohlenbrikett		2,95 RM/100 „

Sämtliche Brennstoffpreise verstehen sich ab Auslieferungslager.

Der Brennstoffverbrauch, bezogen auf 100 km Fahrtstrecke, auf normalen Straßen kann folgender Übersicht entnommen werden:

Brennstoff	Nutzlast		
	3 t	4,5 t	6,5 t
Holz . . . . kg/100 km	75—80	90—100	130—140
Rhein. Braunkohlenbrikett . kg/100 km	50—55	70—80	90—100
Anthrazit . . . . kg/100 km	—	50—55	60—70

Die Werte beziehen sich auf Ottobetrieb. Bei Diesel-Gasbetrieb liegt der Verbrauch im Gaserzeuger um 20 bis 25% niedriger, an dessen Stelle ein zusätzlicher Verbrauch an Gasöl von 5 bis 7 l/100 km tritt.

Die derzeitige Lastgrenze bei Braunkohlenbrikett liegt bei 55 bis 60 Gas-PS, so daß dieser Brennstoff vorläufig für schwerere Fahrzeuge als 3 t Nutzlast noch nicht in Frage kommt.

Anthrazit verwendet man vorteilhafterweise nur für mittlere und schwerere Fahrzeuge; Verbrauchsangaben für kleinere Fahrzeuge wurden daher fortgelassen.

Im Anhängerbetrieb erhöhen sich diese Verbrauchszahlen um etwa 5 bis 10%.

K. Die Wirtschaftlichkeit des Gaserzeugerbetriebes beim Nutzkraftwagen.

Da die Ausrüstung der Fahrzeuge mit Gaserzeugeranlagen mit zusätzlichen Kosten für den Fahrzeughalter trotz der vom Staat gewährten Zuschüsse verbunden ist, mag es sich dabei um den nachträglichen Umbau bereits im Betrieb befindlicher Fahrzeuge oder um die Ausrüstung von Neufahrzeugen handeln, so soll auch auf die wirtschaftliche Seite des Gaserzeugerantriebes näher eingegangen werden. Zudem erscheinen beim Gaserzeugerbetrieb unter den Betriebsausgaben eine Reihe neuer Posten für die Wartung und Bedienung des Generators, die gegenüber dem Betrieb mit flüssigen Brennstoffen als zusätzliche Ausgaben hinzukommen, so daß eine Aufstellung über die Selbstkosten des Gaserzeugerbetriebes im Zusammenhang mit den derzeitigen Umstellungsmaßnahmen zweckmäßig erscheint.

Die Selbstkosten des Fahrzeugbetriebes setzen sich aus den festen und den beweglichen Kosten, die im Nachstehenden als Betriebskosten bezeichnet werden sollen, zusammen. Während die Ermittlung der festen Kosten keine Schwierigkeiten macht, sind über die gesamten Betriebskosten nur schwer allgemein gültige Angaben zu machen. Besonders sind die Kosten beim Umbau alter Fahrzeuge von dem Aufbau des Fahrzeuges, ferner von dessen Zustand, besonders des Motors, der Batterie usw. abhängig und daher von Fall zu Fall verschieden. Den folgenden Berechnungen sollen daher Neufahrzeuge zugrunde gelegt werden.

Bei der Kostenaufstellung sind die 3 Fahrzeugtypen: 3 t-, 4,5 t- und 6,5 t-LKW zugrunde gelegt. Dabei wurde angenommen, daß das 3 t-Fahrzeug mit einem Ottomotor und das 4,5- und 6,5 t-Fahrzeug mit einem Dieselmotor versehen sein soll. Außerdem sollen die beiden erstgenannten Typen ohne Anhänger und der 6,5 t-LKW mit 5 t-Anhänger angenommen werden. Demgemäß wurde für das 3 t-Fahrzeug als Vergleichskraftstoff Benzin und für den 4,5 t-LKW Dieselöl gewählt. Als Gaserzeugerkraftstoff wurden Holz, Braunkohlenbrikett und Anthrazit angenommen und die auf S. 129 genannten Tankstellenpreise der Berechnung zugrunde gelegt.

Bei den Anschaffungskosten des Gaserzeugerfahrzeuges wurden für alle Generatoren dieselben Preise eingesetzt. Wenn auch zwischen den einzelnen Fabrikaten Preisdifferenzen bestehen, sind diese auf die Rechnungen nur von geringem Einfluß. Die Kosten des Gaserzeugerfahrzeuges nach Abzug des vom Staate gewährten Zuschusses sind in der Zahlentafel als Nettoanschaffungskosten bezeichnet. Dieser einmalige Zuschuß beträgt 1000 RM., wenn auf jeden Zusatz von flüssigen Brennstoffen verzichtet wird, andernfalls 600 RM. Letzteres trifft insbesondere beim Diesel-Gasverfahren zu.

Da es im Transportgewerbe größtenteils üblich ist, das Fahrzeug mit 25% abzuschreiben, wurde dieser Betrag in Rechnung gesetzt. Bei manchen Unternehmungen wird nur mit 20% gerechnet. In diesem Falle ermäßigen sich dann die festen Kosten, was sich zugunsten der Gaserzeugerfahrzeuge im Hinblick auf die höheren Anschaffungskosten auswirkt.

Die Haftpflichtversicherung wurde nach dem Einheitstarif für eine Deckungssumme von 250000 RM. angenommen, ebenso die Teilkaskoversicherung. Letztere wurde unter Annahme einer Selbstbeteiligung von 100 RM. eingesetzt. Die Kaskoversicherung wurde deshalb mit eingerechnet, da für Transportunternehmungen mit einer größeren Zahl von Fahrzeugen der Verzicht auf eine Kaskoversicherung ein zu großes

Risiko bedeuten würde. Wird das Fahrzeug von seinem Besitzer selbst gefahren, so wird bisweilen auf den Abschluß einer Kaskoversicherung verzichtet.

Bei der Berechnung des Fahrerlohnes ist angenommen, daß das Fahrzeug im Güternahverkehr eingesetzt wird. Bei Verwendung im Güterfernverkehr sind noch die üblichen Zuschläge zu machen. Der errechnete Mehrlohn des Generatorfahrers mit jährlich 700 RM. ergibt sich aus dem tarifmäßigen Zuschlag von 1 Rpf. je Kilometer, außerdem wurde noch ein Zuschlag für Mehrarbeit bei der Wartung des Gaserzeugers eingesetzt. Die Praxis hat gezeigt, daß ein Mehrverdienst in dieser Höhe durchaus gerechtfertigt ist und einen nicht zu unterschätzenden Ansporn für das Fahrpersonal bedeutet. Man muß dabei die tägliche Mehrarbeit mit $1^1/_2$ Stunden und außerdem noch eine alle 14 Tage sich wiederholende Mehrarbeit von 2 Stunden für das Neufüllen des Gaserzeugers anrechnen, so daß bei 260 Betriebstagen je Jahr mit einer gesamten Mehrarbeit von $260 \times 1{,}5 + 26 \times 2 = $ rund 450 Stunden je Jahr gerechnet werden muß. Außerdem ist es zweckmäßig, dem Fahrer noch eine Schmutzzulage zu gewähren, so daß ein Mehrverdienst von 700 RM. je Jahr als angemessen zu bezeichnen ist und auch tatsächlich gezahlt wird. Wird das Fahrzeug ohne Anhänger gefahren, so wird üblicherweise auf den Beifahrer verzichtet.

Die Brennstoff- und Schmiermittelverbrauchszahlen sind in der Tabelle S. 132 angegeben. Diese Zahlen sind naturgemäß großen Schwankungen unterworfen, jedoch wurde Wert darauf gelegt, nur solche Verbräuche einzusetzen, die im praktischen Betrieb auch erreicht werden können. Beim Generatorbetrieb tritt während der Betriebspausen ein zusätzlicher Verbrauch an Brennstoff ein. Dieser hängt von der Bauart des Generators und von der Dauer der Pausen ab, außerdem spielt die Brennstoffbeschaffenheit noch eine Rolle. Bei einer Pause von 15 min beträgt dieser zusätzliche Abbrand bei Holz 1 bis 2 kg und bei Anthrazit etwa 0,3 kg, so daß man bei täglich 10 Arbeitspausen mit 10 bis 20 kg bzw. 3 kg Mehrverbrauch rechnen kann. In dieser Höhe wurde in der Aufstellung ein Mehrverbrauch mit durchschnittlich 5 bis 10 km je 100 km bzw. 2 kg je 100 km berücksichtigt. Diese Beträge sind je nach der Eigenart des Betriebes gewissen Schwankungen unterworfen. Außerdem haben gewisse Typen von Holzgaserzeugern noch einen zusätzlichen Verbrauch an Holzkohle, der mit 1,5 bis 2,5 kg je 100 km in Rechnung gesetzt ist. Dabei ist der bei der Neufüllung eines Gaserzeugers nach Absieben des abgezogenen Kokses erforderliche Holzkohlezusatz berücksichtigt. Günstig verhalten sich dabei die Holzgaserzeuger, die einen Überschuß an Holzkohle ergeben. Damit erübrigt sich dann ein Nachfüllen von Holzkohle, wobei dann die Kraftstoffkosten entsprechend erniedrigt werden. Bei Anthrazit wurde neben

9*

Nutzlast	3 t				4,5				6,5 t und 5,5 t-Anhänger				
Kraftstoff	Benzin	Holz	Brikett	Gasöl	Holz	Brikett	Anthrazit	Anthrazit und Gasöl	Holz	Anthrazit	Brikett	Anthrazit und Gasöl	Gasöl
Arbeitverfahren	Otto			Diesel	Otto			Dieselgas	Otto			Dieselgas	Diesel
Brutto-Beschaff.-Kosten	6000,—	7800,—	7800,—	16250,—	18050,—	18050,—	18050,—	18050,—	32600,—	32600,—	32600,—	32600,—	30400,—
Staatl. Zuschuß	—	1000,—	1000,—	—	1000.—	1000,—	1000,—	600,—	1000,—	1000,—	1000,—	600,—	—
Netto-Beschaff.-Kosten	6000,—	6800,—	6800,—	16250,—	17050,—	17050,—	17050,—	17450,—	31600,—	31600,—	31600,—	32000,—	30400,—
Abschreibung 20%	1200,—	1360,—	1360,—	3250,—	3410,—	3410,—	3410,—	6490,—	6320,—	6320,—	6320,—	6400,—	6080,—
Verzinsung 5%	300,—	340,—	340,—	812,—	852,—	852,—	852,—	852,—	1580,—	1580,—	1580,—	1600,—	1520,—
Kraftfahrzeugsteuer	504,—	252,—	252,—	672,—	336,—	336,—	336,—	336,—	470,—	470,—	470,—	470,—	942,—
Haftpflichtversicherung	265,—	265,—	265,—	311,—	311,—	311,—	311,—	311,—	345,—	345,—	345,—	345,—	345,—
Kaskoversicherung	180,—	180,—	180,—	260,—	260,—	260,—	260,—	260,—	450,—	450,—	450,—	450,—	450,—
Miete f. Unterstellraum	350,—	350,—	350,—	400,—	400,—	400,—	400,—	400,—	500,—	500,—	500,—	500,—	500,—
Jährl. {Fahrerlohn	2900,—	3600,—	3600,—	2900,—	3600,—	3600,—	3600,—	3600,—	3600,—	3600,—	3600,—	3600,—	2900,—
Jährl. {Beifahrerlohn	—	—	—	—	—	—	—	2100,—	2100,—	2100,—	2100,—	2100,—	2100,—
Jährl. feste Kosten (zus.)	5699,—	6347,—	6347,—	8605,—	9169,—	9169,—	9169,—	9429,—	15365,—	15365,—	15365,—	15465,—	14837,—
Brennst.-Verbr./100 km	24 l	75 kg 1,5 kg HK	50 kg 0,2 kg HK	30 kg	95 kg 2 kg HK	75 kg 0,3 kg HK	60 kg	54 kg und 6 kg Gasöl	130 kg und 2,5 kg HK	75 kg	95 kg und 0,4 kg HK	70 kg und 7 kg Gasöl	45 kg
Kraftstoffkosten je km Rpf	9,6	6,6	1,8	9,4	8,5	2,8	3,4	4,9	11,3	4,2	3,6	6,2	14,1
Schmiermittel „ „ „	0,7	0,9	0,9	0,9	1,4	1,4	1,4	1,4	2,6	2,6	2,6	2,6	2,1
Bereifung „ „ „	3,0	3,0	3,0	4,5	4,5	4,5	4,5	4,5	11,0	11,0	11,0	11,0	11,0
Ersatzteile, Reparaturen „ „ „	2,4	4,5	4,5	5,0	7,3	7,3	8,7	8,3	10,3	10,3	10,3	11,2	9,0
Wagenpflege „ „ „	0,1	0,2	0,2	0,2	0,3	0,3	0,3	0,3	0,6	0,6	0,6	0,6	0,3
Betriebskosten je km Rpf.	15,8	15,2	10,4	20,0	22,0	16,3	18,3	19,4	35,8	30,7	28,1	31,6	36,5
Tägliche Kosten bei 40000 km Jahresleistung (260 Arbeitstage)													
Feste Kosten RM.	22,—	24,40	24,40	33,10	35,20	35,20	35,20	35,20	59,—	59,—	59,—	59,50	57,10
Betriebskosten „	24,30	23,40	16,—	30,80	33,90	25,10	28,20	29,80	55,—	47,20	43,20	48,60	56,10
Gesamtkosten „	46,30	47,80	40,40	63,90	69,10	60,30	63,40	65,—	114,—	106,20	102,20	108,10	113,20
Kosten je km bei 40000 km Jahresleistung (260 Arbeitstage)													
Feste Kosten Rpf.	14,2	15,9	15,9	21,5	22,9	22,9	22,9	23,1	38,4	38,4	38,4	38,8	37,2
Kraftstoffkosten „	9,6	6,6	1,8	9,4	8,5	2,8	3,4	4,9	11,3	4,2	3,6	6,2	14,1
Sonst. Betriebskost. „	6,2	8,6	8,6	10,6	13,5	13,5	14,9	14,7	24,5	26,5	24,5	25,4	22,4
Jahresleistung — Beförderungskosten je t/km													
20000 km Rpf.	14,8	15,7	14,1	14,0	15,1	13,8	14,3	14,6	9,4	9,0	8,7	9,1	9,2
30000 km „	11,6	12,2	10,6	10,8	11,7	10,4	10,9	11,1	7,3	6,9	6,7	6,9	7,1
40000 km „	10,1	10,3	8,8	9,2	10,0	8,7	9,2	9,4	6,2	5,8	5,6	5,9	6,1
50000 km „	9,1	9,3	7,7	8,2	9,0	7,7	8,2	8,4	5,6	5,2	5,0	5,2	5,5

dem Zuschlag für Abbrand während der Betriebspausen noch ein weiterer Zuschlag von 10% für Abgang von unverbranntem Brennstoff bei der Entleerung und Entschlackung des Gaserzeugers eingerechnet.

Der Schmiermittelverbrauch der Generatorfahrzeuge ist höher einzusetzen als bei flüssigem Brennstoff, da ein häufigerer Ölwechsel erforderlich ist. Das Öl verdickt sich bei Generatorfahrzeugen bisweilen recht stark, bei Anthrazit ruft ferner der Schwefelgehalt des Gases ungünstige Veränderungen der Beschaffenheit des Schmieröles hervor, so daß es sich empfiehlt, das Motorenöl alle 2000 km zu erneuern, während bei flüssigen Kraftstoffen eine Ölerneuerung nur alle 3000 km erforderlich ist. Der dadurch entstehende Mehrverbrauch an Öl von ein Drittel rechtfertigt sich durch eine Schonung der Maschine, besonders der Lager.

Den Kosten der Bereifung wurde der Verschleiß bei den normalen Fahrgeschwindigkeiten zugrunde gelegt. Die heute vorgeschriebenen niederen Geschwindigkeiten bringen eine Minderung dieser Kosten, die jedoch bei der Aufstellung nicht berücksichtigt ist und sich gleichmäßig auf alle Antriebsarten auswirkt.

Bei den Ersatzteil- und Unterhaltungskosten mußte der Mehrverschleiß am Motor bei Gaserzeugerbetrieb berücksichtigt werden. Wenn auch im praktischen Holzgasbetrieb schon Laufzeiten mit einem Kolbensatz von 100000 km und mehr erzielt wurden, so muß doch bei angestrengtem Betrieb bei dauernd vollausgelastetem Fahrzeug mit einer geringeren Laufzeit gerechnet werden. Es wurde angenommen, daß eine Generalüberholung des Motors und Fahrzeuges nach folgenden Fahrtleistungen durchgeführt wird:

```
Benzinmotor . . . . . . . . . . . 140000 km
Diselmotor . . . . . . . . . . . . 100000  „
Holzgasmotor . . . . . . . . . .  80000  „
Anthrazitmotor . . . . . . . . .  60000  „
```

Die Laufzeiten werden bisweilen im praktischen Einsatz erheblich unterschritten, hauptsächlich dann, wenn aus Bequemlichkeit des Fahrers der Motor während der Be- und Entladezeiten des Fahrzeuges im Umlauf bleibt und auch bei angestrengtem Anhängerbetrieb.

Da Anthrazitgas stets noch Verunreinigungen durch Schwefel- und andere Verbindungen enthält, müssen hier die Laufzeiten zwischen zwei Generalüberholungen gegenüber Holz noch weiter herabgesetzt werden. Die Kosten für eine solche Generalüberholung von Motor und Fahrgestell einschließlich der in der genannten Laufzeit entstandenen Ausgaben, wie z. B. für Einschleifen der Ventile, kleinere Reparaturen usw., wurden wie folgt angenommen:

```
3 t-LKW . . . . . . . . . . . 3300 RM.
4,5 t-LKW . . . . . . . . . 5000  „
6,5 t-LKW . . . . . . . . . 7000  „
```

Für Unterhaltung der Anhänger wurde ein Zuschlag von 1 Rpf. je Kilometer in Rechnung gesetzt.

An weiteren Unterhaltungskosten entstehen noch solche für die Gaserzeugeranlage. Bei dieser sind folgende Teile einem besonderen Verschleiß unterworfen:

> Der Feuerherd,
> der Rost bzw. das Rüttelsieb,
> die Gasreiniger,
> die Rohrleitungsteile.

Die Lebensdauer des Feuerherdes eines Holzgaserzeugers kann im Mittel mit 30000 km angenommen werden. Die Kosten eines Ersatzherdes sind jedoch stark verschieden bei den einzelnen Typen, am billigsten ist der Ersatz der keramischen Auskleidung, die erfahrungsgemäß bei kleineren Beschädigungen (Rissen) durch feuerfeste Stampfmassen ausgebessert werden kann, während die metallischen Herde sehr teuer kommen und bei Beschädigung in der Regel ersetzt werden müssen, da sich meist eine Reparaturschweißung nicht lohnt. Bei einem Betrieb mit Anthrazit muß mit einem regelmäßigen Ersatz der keramischen Auskleidung nach einer bestimmten Laufzeit gerechnet werden. Diese Laufzeit ist jedoch bei den einzelnen Bauarten stark verschieden und hängt vor allem von der Bauart ab. Auch hier können kleinere Beschädigungen leicht ausgebessert werden. Einem besonderen Verschleiß sind ferner die Teile unterworfen, die mit dem Gas in Berührung kommen. Dies sind in erster Linie die Rohrleitungen, die besonders an den Krümmungen leicht zerfressen werden. Rohre mit größeren Wandstärken (2 mm) sind dabei günstiger und ergeben geringere Unterhaltungskosten, andererseits wird jedoch das Gewicht der Anlage dadurch vergrößert. Als Anhaltspunkt können folgende Kosten für die Instandhaltung der Gaserzeugeranlage während einer Laufzeit von 1000 km angenommen werden:

> 3 t-LKW . . . . 10 RM.
> 4,5 t-LKW . . . . 14 „
> 6,5 t-LKW . . . . 18 „

In diesen Zahlen ist ein größerer Sicherheitszuschlag enthalten, so daß bisweilen mit etwas geringeren Kosten gerechnet werden muß. Die damit auf 1 km entfallenden Unterhaltungskosten sind in der Übersichtstabelle enthalten.

Die Preise für die flüssigen Kraftstoffe wurden in folgender Höhe bei der Aufstellung berücksichtigt:

> Benzin . . . . 0,40 RM. je Liter
> Gasöl . . . . 31,30 „ „ 100 kg.

Für die festen Kraftstoffe sind die auf S. 129 genannten offiziellen Tankstellenpreise den Berechnungen zugrunde gelegt.

In der Übersichtstabelle S. 132 sind die festen und die Betriebskosten für verschiedene Fahrzeuge zusammengestellt und zum Vergleich auch Fahrzeuge mit flüssigen Brennstoffen herangezogen. Die festen Kosten sind für Fahrzeuge mit festen Kraftstoffen naturgemäß um den Preis für die Gaserzeugeranlage höher. Die Kosten je Kilometer sind für eine Jahresleistung von 40000 km in Abb. 88 aufgetragen, getrennt nach festen Kosten, Kraftstoffkosten und sonstigen Betriebskosten. Daraus ist ersichtlich, daß die Kraftstoffkosten mit Ausnahme des mit Vergaserkraftstoff betriebenen 3 t-LKW die geringsten sind. Von entscheidendem Einfluß sind fast stets die festen Kosten. In Abb. 89 sind die Beförderungskosten je t/km für die verschiedenen Fahrzeuggruppen in

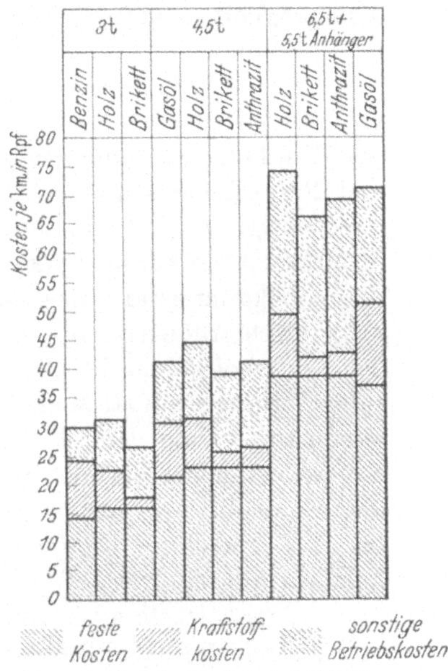

Abb. 88. Kostenverteilung bei 40000 km Jahresleistung.

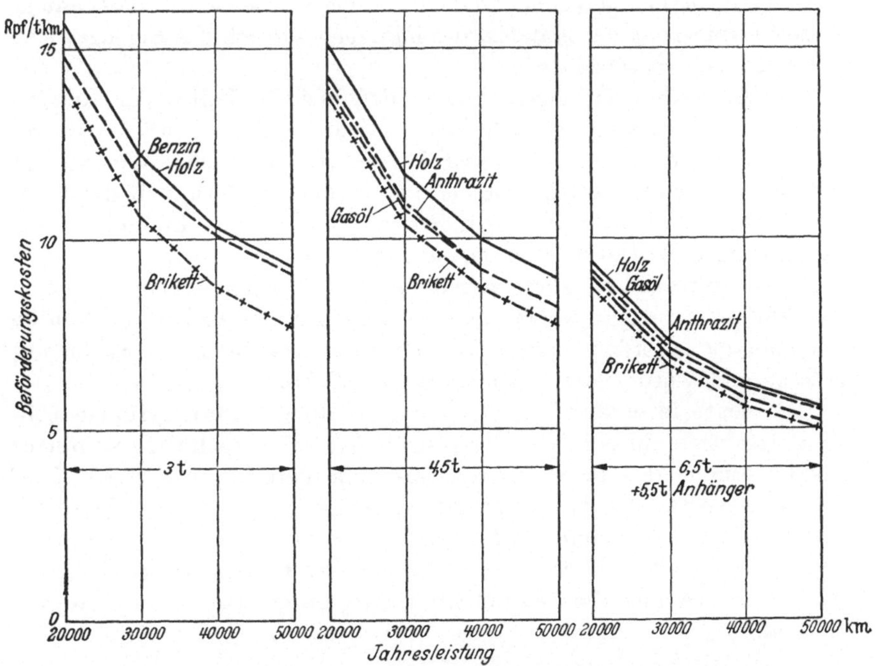

Abb. 89. Beförderungskosten je to-km in Abhängigkeit von der Jahresleistung.

Abhängigkeit von der Jahresfahrtleistung zusammengestellt. Am ungünstigsten schneidet dabei der Holzgasantrieb und am günstigsten der Brikettantrieb ab. Daraus kann entnommen werden, daß mit Rücksicht auf die Wirtschaftlichkeit des Lastwagentransportes der Tankholzpreis keine weitere Steigerung erfahren darf. Steinkohlen- und Braunkohlenschwelkoks konnten in der Aufstellung nicht mit berücksichtigt werden, da erstens noch keine genügenden Erfahrungen im praktischen Einsatz vorliegen und da auch noch keine Tankstellenpreise bekannt sind. Erwähnt muß noch werden, daß Brennstoffverluste durch erhöhten Abrieb auch mit berücksichtigt und eine Erhöhung der Kraftstoffkosten bei Anthrazit und Schwelkoks um bis 30% hervorrufen können, zumal manche Gaserzeugerbauarten ein Absieben des Brennstoffes vor dem Tanken erforderlich machen. Der Abrieb bei Brikett ist meist gering. Bei Hackholz muß unter Umständen, wenn der kleinsplittrige Anteil groß ist, ebenfalls mit einem Verlust von bis 25% gerechnet werden. Bei ordnungsgemäß aufbereitetem Tank-holz entfällt ein solcher.

In der Aufstellung ist ferner angenommen, daß das Fahrzeug stets voll ausgelastet ist. Diese Annahme trifft in der Praxis meist nicht voll zu, da sich Leerfahrten nie ganz vermeiden lassen. Erfahrungsgemäß müßte durchschnittlich mit einer Ladung von nur 80% der zulässigen Nutzlast gerechnet werden. Ferner wurde bei der Berechnung keine Verringerung der Nutzlast des Fahrzeuges durch das Eigengewicht der Gasanlage berücksichtigt.

Die Aufstellungen zeigen, daß in den meisten Fällen der Antrieb mit festen Kraftstoffen auch unter Berücksichtigung aller zwangsweise damit verbundenen Mehrausgaben im wirtschaftlichen Wettbewerb mit flüssigen Kraftstoffen bestehen kann. Bei sorgfältiger Behandlung der Anlagen und im schonenden Betrieb können ohne Zweifel die angenommenen Betriebskosten gesenkt werden. In einem Falle legte z. B. ein Anthrazitgasfahrzeug mit einem Düsengaserzeuger störungsfrei 50 000 km zurück, wobei nicht einmal ein Nachschleifen der Ventile vorgenommen werden mußte. Das Fahrzeug war im Fernverkehr eingesetzt und wurde vom Besitzer selbst gefahren.

Die heute in erster Linie als Kriegsmaßnahme durchgeführte Umstellungsaktion auf heimische Treibstoffe hat daher auch darüber hinaus für die kommenden Friedenszeiten ihre volle Berechtigung, zumal dann die Transportunternehmungen infolge eines gesunden Wettbewerbes wieder zu einer schärferen Erfassung ihrer Selbstkosten gezwungen sein werden und dabei die Vorteile, die ihnen der Generatorantrieb bieten kann, für sich und die Gesamtheit richtig einschätzen und verwerten werden.

Schrifttum.

1921. Fischer: Kraftgas, 2. Aufl. Leipzig: Otto Spamer.

1923. Schüle: Thermodynamik, 4. Aufl. Berlin: Springer.

1932. Kühne: Untersuchungen an Holzgaserzeugern. Techn. in d. Landwirtsch.
Heft 5—7, 10 u. 11.

1933. Kühne: Holzgas als Treibmittel. Z. VDI Heft 48.
Schläpfer u. Drotschmann: Zur Frage des Sauggasbetriebs. Bern:
Büchler.

1934. Fachheft Sauggas 1. ATZ Heft 11.
Heinze: Veredelung gasförmiger Brennstoffe. Leipzig: Akad. Verlags-
gesellschaft.
Kühne: Holzgas als Treibmittel. Z. VDI Heft 10.
— Vergasungsversuche mit zerkleinertem Holz. Techn. in d. Landwirtsch.
Heft 1.
— Holzkohlengas. Z. VDI Heft 47.
Seberich: Generatorbetrieb schwerer Fahrzeuge. Brennstoff-Chem. S. 204.

1935. Fachheft Sauggas 2. ATZ Heft 7.
Finkbeiner: Versuche und Erfahrungen mit Holzgas. Z. VDI Heft 7.
— Gaserzeuger für Kraftwagen. Z. VDI Heft 22, 23.
— Verwendung von festen Brennstoffen für Kraftfahrzeuge. ATZ Heft 15.
— Holzgas als Motorentreibstoff. Städtereinigung S. 141.
Jäger: Holzgasanlagen. Jugoslawien: Novi Sad.
Kühne: RKTL-Schriften Heft 60, Holz- und Holzkohlen-Gaserzeuger.
Berlin: Beuth.
Reinsch: Versuchsfahrt mit heimischen Treibstoffen. Z. VDI Heft 52.
Strommenger: Devisensparende Treibstoffe. Z. öff. Wirtsch. Heft 1.
— Technische und wirtschaftliche Betrachtungen. ATZ Heft 23.
Wirtschaftsblatt: Heimische Treibstoffwirtschaft, Heft 30. Berlin: Industrie-
und Handelskammer.

1936. Aster: Motoren für gasförmige Kraftstoffe und Generatoren. ATZ Heft 4.
Ausschuß für Technik in der Forstwirtschaft: Holz als Treibstoff. Arbeits-
gemeinschaft Holz.
Berichtsheft der Hauptversammlung des VDI 1936. Enthaltend:
Finkbeiner: Weiterentwicklung der Fahrzeug-Gaserzeuger.
Schnürle: Verdichtungsverhältnis und Gasheizwert.
Schulte: Versuche an Fahrzeug-Gaserzeugern.
Schultz: Versuchsfahrt, 1935.
Brückner u. Löhr: Brenntechnische Bewertung technischer Gase. Z. VDI
Heft 42.
Dolch: Wassergas. Leipzig: Johann Ambrosius Barth.
Finkbeiner: Beobachtungen an Fahrzeug-Gaserzeugern. ATZ Heft 24.
— II. Alpenwertungsfahrt. ATZ Heft 24.
Machemer: Nationale Treibstoffwirtschaft. Frankfurt: Knapp.
Mehlig: Fahrzeuggaserzeuger und Motor. Z. VDI Heft 11.
Rixmann: Leuchtgasbetrieb von Fahrzeugmotoren. Z. VDI Heft 21.
Rothmann: Leistungsabfall bei Gasbetrieb. ATZ Heft 9.
Seberich: Fahrzeug-Gaserzeuger. Brennstoff-Chem. Heft 1.
Thölz: Kraftwagen-Gaserzeuger. Berlin: Schmidt.
Tobler: Herstellung und Verwendung von Holzgas. Bern.

1937. **Finkbeiner:** Untersuchungen an Fahrzeug-Gaserzeugern. Kraftfahrtechn. Forschgsarb. Heft 9.
Lessnig, Rammler: Bericht des Reichskohlenrates D 61/62, Steinkohlenschwelkoks. Berlin: VDI-Verlag.
List: Holzgasgeneratoren. Wien: Springer.
Schläpfer u. Tobler: Theoretische und praktische Untersuchungen über den Betrieb von Motorfahrzeugen mit Holzgas. Bern: Büchler.
1938. **Lang:** Untersuchung über die Vergasung von Anthrazit, Steinkohlen-, Hoch-, Mittel- und Tieftemperaturkoks im Fahrzeuggenerator. Diss.
Rixmann: Leistung und Wirtschaftlichkeit gasgetriebener Fahrzeugmotoren. Dtsch. Kraftfahrtforsch. Heft 3.
1940. **Brückner:** Handbuch der Gasindustrie Bd. 2. Generatoren. München u. Berlin: Oldenbourg.
Fiebelkorn: Fahrzeug-Dieselmotoren und Gasgeneratoren. Berlin: Union Deutsche Verlagsgesellschaft.
Finkbeiner: Holzgaserzeuger für Lastwagenantrieb. Z. VDI Heft 29.
Gwosdz: Grundlagen der Gasbildung in Fahrzeuggaserzeugern. ATZ Heft 18.
Heller: Neuzeitliche Holzgasanlagen für Kraftfahrzeuge. ATZ Heft 18 u. 21.
Klug: Versuche mit Torf als Brennstoff für Gaserzeuger. ATZ Heft 18.
Lanz: Die Herstellung von Gasholz. Solothurn: Schweiz. Verb. f. Waldwirtschaft.
Lessnig: Untersuchungen an Kleingasreinigern für Fahrzeuggaserzeuger. Feuerungstechn. Heft 4.
Linneborn: Arbeiten des Auslandes auf dem Gebiete des Generatorbetriebs. ATZ Heft 18.
List: Untersuchungen von Fahrzeuggeneratoren für Weich- und Hartholzbetrieb. Wien: Springer.
Pahl: Leistungsversuche an Reinigern für Generatorgasbetrieb. ATZ Heft 19.
Rixmann: Druckgasaufladung von Fahrzeug-Gasmotoren. ATZ Heft 1.
Troesch: Ersatztreibstoffe für Automobile. Schweiz. Bauztg. Heft 21.
Wohlschläger: Der Zündstrahl-Gasmotor. MTZ Heft 2.
1941. **Finkbeiner:** Fahrzeuggaserzeuger für teerfreie Brennstoffe und Gasreinigungsanlagen. Z. VDI Heft 27.
Gumz: Graphisch-rechnerische Behandlung von Vergasungsvorgängen. Feuerungstechn. Heft 8.
— Entwicklung der Fahrzeuggaserzeuger in Schweden. Feuerungstechn. Heft 4.
Gwosdz: Über die Gasbildung von Holzgaserzeugern mit abwärts gerichtetem Zuge. Feuerungstechn. Heft 8.
— Bedingungen für die Herstellung wasserstoffreicher Gase im Fahrzeug-Gaserzeuger. ATZ Heft 18.
Heller: Neuzeitliche Generatoranlagen für Kraftfahrzeuge. ATZ Heft 5 u. 7.
Isendahl: Entwicklung und Untersuchung eines Hochleistungs-Fahrzeug-Gaserzeugers. Diss.
Kühl: Über die Schmierölalterung im Holzgasfahrzeugmotor. ATZ Heft 16.
List: Untersuchungen an Holzkohlegasgeneratoren. Wien: Springer.
Lutz: Entwicklung eines Spezial-Holzgaserzeugers für den Gasschlepper. Techn. i. d. Landw. Heft 8.
— Verbesserung des Fahrzeug-Holzgaserzeugers durch wärmewirtschaftliche Maßnahmen. Feuerungstechn. Heft 8.

1941. Pflaum: Das Diesel-Gas-Verfahren bei ortsfesten Motoren. Z. VDI Heft 3.
Rixmann: Das Diesel-Gas-Verfahren bei Fahrzeugmotoren. ATZ Heft 5 u. 6.
Tobler: Untersuchung über die Holzverkohlung mit besonderer Berücksichtigung der Vorgänge im Holzgasgenerator. Schweiz. Ver. Gas- u. Wasserfachmännern, Monatsbull. Heft 10.
Traustel: Die Gaswandlung in der Reduktionszone eines Gaserzeugers. Feuerungstechn. Heft 7.
— Praktische Berechnung von Vergasungsgleichgewichten. Feuerungstechn. Heft 5.
1942. Betriebsvorschriften, Bericht 8 und 9 d. Schweiz. Ges. f. d. Studium der Motorbrennstoffe, Bern.
Generator-Jahrbuch 1942. Berlin: Kasper-Verlag.
Kroll: Die elektrische Ausrüstung des Gasfahrzeugs. ATZ Heft 13.
Lutz: Landwirtschaftliche Gasschlepper. Z. VDI Heft 23/24.
Lutz u. Kühl: Untersuchung von Gasreinigungsanlagen für Fahrzeug-Holzgaserzeuger, RKTL-Schriften Heft 104. Berlin: Parey-Verlag.
Thurn: Veränderung von Motorschmierölen aus Kraftfahrzeugen mit Sauggasanlagen. ATZ Heft 18.
Tobler: Sicherheitstechnische Erläuterungen und Maßnahmen für den Generatorgasbetrieb. Bern: Schweiz. Ges. f. d. Studium d. Motorbrennstoffe.
Traustel: Grundsätzliches zur Berechnung von Vergasungsvorgängen. Feuerungstechn. Heft 10.
1943. Finkbeiner: Der Stand des Baues von Fahrzeug-Gaserzeugern in Deutschland. ATZ Heft 3.
Kroll: Der Gasgenerator. Berlin: Verlag Kliemt.
Kühl: Schwefelbestimmung im Generatorgas. Brennst.-Chemie Heft 1.
Loway: Leistung von Fahrzeugmotoren bei Verwendung von festen und gasförmigen Kraftstoffen. Postarchiv Heft 1.
Szenasy: Generatorbetrieb I und II. Berlin: Verlag Schmidt.